固体废物管理知识
百问百答

王 芳 主编

侯 琼 马嘉乐 副主编

中国环境出版集团·北京

图书在版编目（CIP）数据

固体废物管理知识百问百答/王芳主编. —北京：
中国环境出版集团，2023.10
ISBN 978-7-5111-5646-4

Ⅰ. ①固… Ⅱ. ①王… Ⅲ. ①固体废物—废物处理—问题
解答 Ⅳ. ①X705-44

中国国家版本馆 CIP 数据核字（2023）第 196500 号

出 版 人　武德凯
责任编辑　韩　睿
封面设计　彭　杉

出版发行　中国环境出版集团
　　　　　（100062　北京市东城区广渠门内大街 16 号）
　　　　　网　　　址：http://www.cesp.com.cn
　　　　　电子邮箱：bjgl@cesp.com.cn
　　　　　联系电话：010-67112765（编辑管理部）
　　　　　发行热线：010-67125803，010-67113405（传真）
印　　刷　北京中科印刷有限公司
经　　销　各地新华书店
版　　次　2023 年 10 月第 1 版
印　　次　2023 年 10 月第 1 次印刷
开　　本　787×960　1/16
印　　张　9.5
字　　数　140 千字
定　　价　59.00 元

中国环境出版集团郑重承诺：
中国环境出版集团合作的印刷单位、材料单位均具有中国环境标志产品认证。

编 委 会

主　编：王　芳

副主编：侯　琼　马嘉乐

编写组（按姓氏拼音排序）：

陈　瑛　葛惠茹　顾芮冰　郭琳琳

侯　琼　矫云阳　兰孝峰　刘　刚

马嘉乐　桑　宇　王　芳　徐淑民

张宏伟　周　强

—— 序 ——

    2020 年 4 月 29 日，《中华人民共和国固体废物污染环境防治法》（以下简称《固废法》）由第十三届全国人民代表大会常务委员会第十七次会议修订通过，自 2020 年 9 月 1 日起施行。

    固体废物污染防治与大气、水、土壤污染防治密切相关，是生态文明建设和环境保护工作中不可或缺的重要一环，是重要的民生工程和民心工程。修订后的《固废法》充分体现了习近平生态文明思想的深邃内涵，坚持"绿水青山就是金山银山"的理念，首次将"推进生态文明建设"写入立法目标，明确提出国家推行绿色发展方式和绿色生活方式；坚持"良好生态环境是最普惠的民生福祉"，以立法解决人民群众最关心的生活垃圾污染等环境民生问题。

    为了配合宣传、学习、贯彻《固废法》，生态环境部固体废物与化学品管理技术中心编写了本书，希望本书能帮助基层监管执法人员、相关企业人员更好地理解和执行《固废法》。

目　录

第一章

基本概念

1. 什么是固体废物？

固体废物是指在生产、生活和其他活动中产生的丧失原有的利用价值或者虽未丧失利用价值但被抛弃或者放弃的固态、半固态和置于容器中的气态物品、物质以及法律、行政法规规定纳入固体废物管理的物品、物质。经无害化加工处理，并且符合强制性国家产品质量标准，不会危害公众健康和生态安全，或者根据固体废物鉴别标准和鉴别程序认定为不属于固体废物的除外。

2. 固体废物如何分类？

固体废物有多种分类方法，可根据其来源、组分、形态等进行划分，也可根据其污染特性进行划分：

（1）根据其来源分为工业源固体废物、社会源固体废物、农业源固体废物等。

（2）按其化学组分可分为有机废物和无机废物。

（3）按其形态可分为固态废物，如塑料袋、报纸、玻璃瓶等；半固态废物，如污泥、油泥等；液态（气态）废物，如废酸、废油、废有机溶剂等。

（4）按其污染特性可分为危险废物和一般固体废物。

（5）按其燃烧特性可分为可燃废物，如废纸、废塑料、废机油等；不可燃废物，如金属、玻璃、砖石等。

3. 我国固体废物的产生现状如何？

我国一般工业固体废物、危险废物、生活垃圾、农业固体废物等的产生量巨大。2020年，我国一般工业固体废物产生量为36.8亿吨，危险废物产生量为7 281.8万吨，全国生活垃圾清运量为2.4亿吨。每年产生畜禽养殖废弃物近40亿吨，建筑垃圾约20亿吨。全国每年新增固体废物100多亿吨，历史堆存总量达600亿～700亿吨。

4. 固体废物的贮存、利用、处理、处置的概念是什么？

贮存是指将固体废物临时置于特定设施或者场所中的活动。

利用是指从固体废物中提取物质作为原材料或者燃料的活动。

处理是指通过物理、化学、物化及生化方法把固体废物转化为适于运输、贮存、利用或处置的过程，包括压实、破碎、分选、化学处理、生物处理等。

处置是指将固体废物焚烧和用其他改变固体废物的物理、化学、生物特性的方法，达到减少已产生的固体废物数量、缩小固体废物体积、减少或者消除其危险成分的活动，或者将固体废物最终置于符合环境保护规定要求的填埋场的活动。

5. 清洁生产是指什么？

清洁生产是指不断采取改进设计、使用清洁的能源和原料、采用先进的工艺技术与设备、改善管理、综合利用等措施，从源头削减污染，提高资源利用效率，减少或者避免生产、服务和产品使用过程中污染物的产生和排放，以减轻或者消除对人类健康和环境的危害。

6. 循环经济是指什么？

循环经济是指在生产、流通和消费等过程中进行的减量化、再利用、资源化活动的总称。减量化是指在生产、流通和消费等过程中减少资源消耗和废物产生。再利用是指将废物直接作为产品或者经修复、翻新、再制造后继续作为产品使用，或者将废物的全部或者部分作为其他产品的部件予以使用。资源化是指将废物直接作为原料进行利用或者对废物进行再生利用。

7. 再生资源是指什么？

再生资源是指在社会生产和生活消费过程中产生的，已经失去原有全部或部分使用价值，经过回收、加工处理，能够使其重新获得使用价值的各种废弃物。

再生资源主要包括废钢铁、废有色金属、废塑料、废纸，以及废轮胎、废弃电器电子产品、报废机动车、废旧纺织品、废玻璃、废电池（铅蓄电池除外）等。

8. "无废城市"是指什么？

"无废城市"是以创新、协调、绿色、开放、共享的新发展理念为引领，通过推动形成绿色发展方式和生活方式，持续推进固体废物源头减量和资源化利用，最大限度减少填埋量，将固体废物环境影响降至最低的城市发展模式。

"无废城市"并不是指没有固体废物产生，也不意味着固体废物能完全资源化利用，而是一种先进的城市管理理念，旨在最终实现整个城市固体废物产生量最小、资源化利用充分、处置安全的目标，需要长期探索与实践。

9. 为什么是"固体废物污染环境防治法"而不是"固体废物污染防治法"？

因为固体废物是污染因子，不是环境介质，而水、大气、土壤是环境介质。

10. 固体废物污染防治与大气、水、土壤污染有什么关系？

固体废物具有量大面广、种类繁多、性质复杂和危害程度深等特点，是大气、水、土壤的重要污染来源。如果处理不当，轻则破坏生态环境，重则引发安全事故，威胁人民群众身体健康和生命安全。特别是危险废物，在污染防治措施不当的情形下，其中的有毒有害物质会通过淋洗、渗透等多种途径对土壤、地表水和地下水造成污染。农业秸秆焚烧、工业固体废物露天堆场扬尘、固体废物中挥发性物质等对广泛区域 $PM_{2.5}$ 的形成及其成分具有重要影响。尾矿、废石等大型工业固体废物堆存、贮存设施环境安全隐患长期存在，一旦发生溃坝等安全事故，将引发次生环境污染。科学利用固体废物可减轻原生资源开采的生态环境破坏和资源加工过程的环境污染排放，降低资源能源消耗，缓解水、大气、土壤污染治理压力。

11. 固体废物对生态环境有哪些影响?

固体废物具有产生量大、种类繁多、成分复杂的特点。固体废物对生态环境的影响主要表现在以下几个方面:

(1) 对大气环境质量的影响。固体废物在堆存和处理处置过程中会产生有害气体,若不加以妥善处理,将对大气环境造成不同程度的影响。露天堆放的固体废物会因有机成分的分解产生有味的气体,形成恶臭;固体废物在焚烧过程中会产生粉尘、酸性气体和二噁英等污染大气;垃圾在填埋处置后会产生甲烷、硫化氢等有害气体等。

(2) 对水环境质量的影响。固体废物弃置于水体,将使水质直接受到污染,严重危害生物的生存条件和水资源的利用。此外,堆积的固体废物经过雨水的浸渍和废物本身的分解,其渗滤液和有害化学物质的迁移和转化,将对河流及地下水系造成污染。

(3) 对土壤环境质量的影响。固体废物及其渗滤液中所含有害物质会改变土壤的性质和结构,对农作物、植物生长产生不利影响。

【本章作者:侯琼】

第二章

总体规定

12. 如何准确理解"三化"原则？

《固废法》第 4 条规定，"固体废物污染环境防治坚持减量化、资源化和无害化的原则"，即"三化"原则，这也蕴含了固体废物管理的优先次序，即优先减少固体废物的产生量和危害性，最大限度地促进固体废物的资源化利用，最大限度地减少固体废物末端处置量。

减量化是指采取清洁生产、源头减量及回收再利用等措施，在生产、流通和消费等过程中减少资源消耗和废物产生，从而减少废物的数量、体积和危害性，既包括产生前减量，也包括产生后减量。

资源化主要是指通过回收、加工、循环利用、交换等方式，对固体废物进行综合利用，使之转化为可利用的二次原料或再生资源。就固体废物管理而言，无害化是根本目的，也是底线要求。

无害化主要是指降低、消除固体废物的危害性，从产品生产到固体废物利用、处置等各个环节都需要落实无害化要求。

13. 固体废物的源头减量的方法有哪些？

在工业生产领域，可以通过实施清洁生产、开展产品生态设计等活动，从源头尽量减少固体废物的产生量；在社会生活领域，可以通过改变生活习惯和消费模式实现这个目的，如购物时多使用自带的布袋子，尽量减少购买塑料购物袋。

14. 污染担责原则指什么？

污染担责是指污染环境造成的损失及其费用或者责任由污染责任人承担。关于污染担责，国际上最早提出的是"污染者付费"原则，是指污染环境造成的损失及其费用由污染者负担。《固废法》中明确了固体废物污染环境的责任主体为产生、收集、贮存、运输、利用、处置固体废物的单位和个人，并明确要求有关责任主体应当采取措施，防治或者减少固体废物对环境的污染。

15. 什么是固体废物全过程管理?

固体废物全过程管理是指对固体废物的产生、收集、贮存、运输、利用、处置等全过程的各个环节进行监管,制定明晰的固体废物管理策略和适合实际情况的固体废物处理处置技术路线,防止固体废物对环境产生污染。固体废物来源广泛、种类众多,其中包括医疗废物在内的危险废物对环境的危害大,通过实施全过程管理,避免或减少固体废物从产生到处置全生命周期对环境的负面影响。

16. 什么是固体废物分级分类管理?

为加强固体废物精细化管理,《固废法》第 75 条规定,危险废物"实施分级分类管理",明确环境风险是危险废物分级分类管理的科学依据。分级分类管理是我国危险废物管理的重要实践,主要举措包括实施有条件的豁免管理和制定特定种类危险废物专用的环境污染控制标准等。目前,我国已经针对医疗废物、废矿物油、铬渣等危险废物颁布了专用的污染控制标准。从 2016 年起,国家危险废物名录中增加了危险废物豁免管理清单,对危险废物某些环境风险较小的环节实施豁免管理,初步实现危险废物的分级分类管理。

17. 目标责任和考核评价制度的作用是什么?

建立固体废物污染防治目标责任制,通过签订防治目标责任书,确定固体废物污染环境防治工作的具体目标、任务,明确实现该目标的具体措施、期限和责任,从而督促落实措施、实现目标。实施目标责任制,可以通过目标化、定量化、制度化的管理方法,促使相关任务能够层层分解落实,保障既定目标的实现。实施考核评价制度,能够直接引起政府重视,保障目标任务的实现情况、措施责任的实施效果。

18. 建立联防联控机制的作用是什么？

目前，我国区域污染日益突出，仅从行政区划角度考虑单个地区的固体废物污染环境防治措施，仅靠"单兵作战""各自为政"已经难以适应解决污染问题的形势需要。加强跨行政区污染防治协调，需要建立和完善区域联防联控制度。

19. 怎样获取固体废物污染环境防治信息？

根据《固废法》第29条的规定，设区的市级人民政府应定期向社会发布固体废物的种类、产生量、处置能力、利用处置状况等信息。通过城市政府相关部门网站或微信等媒体公开发布固体废物污染环境防治信息。多年来，生态环境部每年定期发布《中国环境统计年报》《全国大、中城市固体废物污染环境防治年报》，向社会发布固体废物污染环境防治信息。

参考文献

[1] 环境保护部科技标准司，中国环境科学学会. 固体废物管理与资源化知识问答. 北京：中国环境出版社，2015.

[2] 袁杰，黄祎，别涛，等. 中华人民共和国固体废物污染环境防治法释义. 北京：中国民主法制出版社，2020.

【本章作者：侯琼，徐淑民】

第三章

关于工业固体废物

20. 什么是工业固体废物?

《固废法》第 124 条规定,工业固体废物是指在工业生产活动中产生的固体废物。工业固体废物可分为一般工业固体废物和危险废物。

21. 什么是一般工业固体废物?

生态环境部发布实施的《一般工业固体废物贮存和填埋污染控制标准》(GB 18599—2020)中规定,一般工业固体废物是指在工业生产活动中产生的除危险废物之外的固体废物。按照《环境统计报表制度》中的指标解释,一般工业固体废物包括冶炼废渣、粉煤灰、炉渣、煤矸石、尾矿、脱硫石膏、污泥等主要类别以及其他废物。一般工业固体废物分为第Ⅰ类和第Ⅱ类。

22. 一般工业固体废物贮存和填埋要求有哪些?

一般工业固体废物的贮存应以环境安全为第一原则,确保不对周边环境造成不利影响。

建设工业固体废物贮存、处置的设施、场所,必须符合《一般工业固体废物贮存、处置场污染控制标准》(GB 18599—2001),2020 年,生态环境部发布实施《一般工业固体废物贮存和填埋污染控制标准》(GB 18599—2020),该标准代替 GB 18599—2001,规定了一般工业固体废物贮存场、填埋场的选址、建设、运行、封场、土地复垦等过程的环境保护要求,以及替代贮存、填埋处置的一般工业固体废物充填及回填利用环境保护要求,以及监测要求和实施与监督等内容。对危险废物的贮存、处置等需要符合国家危险废物环境保护标准。

23. 哪些一般工业固体废物贮存和填埋适用于新标准?

生态环境部最新修订的《一般工业固体废物贮存和填埋污染控制标准》(GB 18599—2020)适用于新建、改建、扩建的一般工业固体废物贮存场和填埋场的选址、建设、运行、封场、土地复垦的污染控制和环境管理，现有一般工业固体废物贮存场和填埋场的运行、封场、土地复垦的污染控制和环境管理，以及替代贮存、填埋处置的一般工业固体废物充填及回填利用的污染控制及环境管理。

24. 哪些一般工业固体废物贮存和填埋不适用于新标准？

采用库房、包装工具（罐、桶、包装袋等）贮存一般工业固体废物过程的污染控制，不适用《一般工业固体废物贮存和填埋污染控制标准》（GB 18599—2020），其贮存过程应满足相应防渗漏、防雨淋、防扬尘等环境保护要求。

25. 第 I 类和第 II 类一般工业固体废物有什么区别？

依据《一般工业固体废物贮存和填埋污染控制标准》（GB 18599—2020）规定，第 I 类一般工业固体废物是指按照 HJ 557 规定方法获得的浸出液中任何一种特征污染物浓度均超过 GB 8978 最高允许排放浓度（第二类污染物最高允许排放浓度按照一级标准执行），且 pH 在 6～9 的一般工业固体废物。第 II 类一般工业固体废物是指按照 HJ 557 规定方法获得的浸出液中有一种或一种以上的特征污染物浓度超过 GB 8978 最高允许排放浓度（第二类污染物最高允许排放浓度按照一级标准执行），或 pH 在 6～9 之外的一般工业固体废物。也就是说，第 II 类一般工业固体废物的环境风险高于第 I 类工业固体废物。注意：一般工业固体废物的分类代码不等同于第 I 类、第 II 类的分类概念，分类代码的确定按照《一般固体废物分类与代码》（GB/T 39198—2020）执行。

26. 第 I 类和第 II 类一般工业固体废物的贮存场所分别有什么要求？

第 I 类和第 II 类一般工业固体废物的贮存场所对场址选择、贮存场设计、运行管理和关闭封场四个方面均有环境保护的具体要求，其中第 II 类一般工业固体废物的贮存场所的建设要求高于第 I 类一般工业固体废物的贮存场所，尤其是第

Ⅱ类一般工业固体废物贮存场所应采用单人工复合衬层作为防渗衬层，贮存场基础层表面应与地下水年最高水位保持 1.5 米以上的距离，并在贮存场设置渗漏监控系统，渗漏监控系统的构成包括但不限于防渗衬层渗漏监测设备、地下水监测井。贮存场运行管理方面，第Ⅰ类和第Ⅱ类贮存场都禁止危险废物和生活垃圾混入。第Ⅰ类和第Ⅱ类一般工业固体废物的贮存场所具体要求详见《一般工业固体废物贮存和填埋污染控制标准》（GB 18599—2020），该标准还对第Ⅰ类和第Ⅱ类一般工业固体废物填埋场的选址、建设、运行、封场、土地复垦等过程的环境保护要求，以及替代贮存、填埋处置的一般工业固体废物充填及回填利用环境保护等提出了具体要求。

27. 工业固体废物产生和利用处置现状如何？

当前，我国工业固体废物规模总量大、综合利用率低、风险隐患高，工业固体废物治理任务十分艰巨。

自 2011 年以来，我国每年产生的一般工业固体废物超过 30 亿吨，2018 年达到 34.9 亿吨。与此同时，我国工业固体废物减量化、资源化利用相对滞后。尽管近年来我国在产业结构调整方面取得了很大成绩，工业固体废物产生强度已明显趋缓，但目前产业结构仍然偏重，污染者依法负责的各项制度落实不到位，企业清洁生产积极性不高，导致工业固体废物产生量仍处于高位运行。

28. 什么是工业固体废物产生者连带责任制度？

根据《固废法》第 37 条的规定，产生工业固体废物的单位委托他人运输、利用、处置工业固体废物，未履行事前核实义务、签订委托合同，需要承担两个方面的法律责任。首先是《固废法》第 102 条规定的法律责任，由生态环境主管部门实施行政处罚。其次是如果受托方在运输、利用、处置工业固体废物过程中，造成环境污染和生态破坏，在受托方承担直接的污染赔偿责任的同时，委托方也应当与其承担连带民事赔偿责任。

29. 为什么将工业固体废物纳入排污许可证管理？

2016 年 11 月，国务院办公厅印发了《控制污染物排放许可制实施方案》（以下简称《实施方案》），确立了建立以排污许可制为核心的固定污染源环境管理体系的指导思想。《实施方案》要求到 2020 年，基本建立法规体系完备、管理体系高效、技术体系科学的排污许可制度，完成覆盖所有固定污染源的排污许可证核发工作，实现对固定污染源的"一证式"管理。

通过修改法律，将工业固体废物纳入排污许可制度是改革的必然要求，也是保障环境质量、防范环境风险的必然选择。近年来，一些地区危险废物、工业固体废物非法倾倒、处置事件频发，究其原因，主要是由于部分企业守法意识淡薄、为牟取非法利益铤而走险。造成此类事件发生的原动力，很多情况下是产生工业固体废物的企业为了规避或无力承担治理责任。与此同时，也应看到，这些事件背后反映出原先的法律在制度安排上的缺陷。法律仅对工业固体废物产生单位的治理责任作出了一般性、原则性的规定，至于产生工业固体废物的单位应当采取何种措施去防止或者减少工业固体废物对环境的污染，并没有具体的制度安排，也没有对应的法律责任。

将工业固体废物纳入排污许可统一管理，从源头上规范产生单位的贮存、转移、利用、处置等行为，是解决这个问题合理有效的制度安排，也是落实新《固废法》"污染担责"原则的一个具体措施。

30. 什么是一般工业固体废物管理台账制度？

《固废法》规定，产生工业固体废物的单位应当建立健全工业固体废物产生、收集、贮存、运输、利用、处置全过程的污染环境防治责任制度，建立工业固体废物管理台账，如实记录产生工业固体废物的种类、数量、流向、贮存、利用、处置等信息，实现工业固体废物可追溯、可查询，并采取防治工业固体废物污染环境的措施。

建立工业固体废物管理台账，一方面便于生态环境部门掌握产生工业固体废物的单位的一般工业固体废物产生及流向信息，促进从源头上防范固体废物污染环境风险；另一方面有利于产生工业固体废物的单位提高固体废物内部管理水平，为推动精细化管理奠定基础。

为落实《固废法》关于建立工业固体废物管理台账的有关规定，指导产生工业固体废物的单位做好台账管理相关工作，生态环境部已制定《一般工业固体废物管理台账制定指南（试行）》，并于 2021 年 12 月 30 日发布实施。

31. 工业固体废物跨省转移应执行什么管理制度？

《固废法》规定，转移固体废物出省、自治区、直辖市行政区域贮存、处置的，应当向固体废物移出地的省、自治区、直辖市人民政府生态环境主管部门提出申请。移出地的省、自治区、直辖市人民政府生态环境主管部门应当及时商经接受地的省、自治区、直辖市人民政府生态环境主管部门同意后，在规定期限内批准转移该固体废物出省、自治区、直辖市行政区域。未经批准的，不得转移。

转移固体废物出省、自治区、直辖市行政区域利用的，应当报固体废物移出地的省、自治区、直辖市人民政府生态环境主管部门备案。

目前，北京、上海、山东、广东、浙江、河北等地已出台或正在制定跨省（市）转移、利用固体废物的备案机制。下一步，生态环境部将结合地方经验，统一固体废物跨省转移利用备案工作要求，并实现信息化管理。

32. 工业固体废物能否进入生活垃圾收集设施？

《固废法》规定，禁止向生活垃圾设施中投放工业固体废物。

禁止将工业固体废物混入生活垃圾收集早就有相关规定，《城市生活垃圾管理办法》（建设部令　第 157 号）第 22 条规定，工业固体废物应当按照国家有关规定单独收集、运输，严禁混入城市生活垃圾。《固废法》又在现有的规定基础上，进一步明确禁止向生活垃圾收集设施中投放工业固体废物，即任何单位和个人都不得向城乡生活垃圾收集设施中投放工业固体废物。

33. 产生工业固体废物的单位的主体责任有哪些？

按照《固废法》要求，产生工业固体废物的单位的主体责任主要有应当建立健全工业固体废物产生、收集、贮存、运输、利用、处置全过程的污染环境防治责任制度，建立工业固体废物管理台账。产生工业固体废物的单位委托他人运输、利用、处置工业固体废物的，应当对受托方的主体资格和技术能力进行核实。应当依法实施清洁生产审核，合理选择和利用原材料、能源其他资源、采用先进的生产工艺和设备，减少工业固体废物的产生量，降低工业固体废物的危害性。应当取得排污许可证，应当向所在地生态环境主管部门提供工业固体废物的种类、数量、流向、贮存、利用、处置等有关资料，以及减少工业固体废物产生、促进综合利用的具体措施，并执行排污许可管理制度的相关规定。应当根据经济、技术条件对工业固体废物加以利用；对暂时不利用或者不能利用的，应当按照国务院生态环境等主管部门的规定建设贮存设施、场所，安全分类存放，或者采取无害化处置措施。贮存工业固体废物应当采取符合国家环境保护标准的防护措施。产生工业固体废物的单位终止的，应当在终止前对工业固体废物的贮存、处置的设施、场所采取污染防治措施，并对未处置的工业固体废物做出妥善处置，防止污染环境。

34. 为什么要强调固体废物综合利用的无害化要求？

不同于大气、水、噪声污染物，固体废物种类繁多，成分复杂，不同种类的固体废物对应的利用技术不同。固体废物综合利用过程以及综合利用产品缺少明确的技术政策和规范标准要求，难以发挥标准规范对产业发展的规范化引导作用，产品安全性受到质疑，制约了固体废物综合利用产业的规模化发展。修订后的《固废法》明确提出，国家有关部门应当制定固体废物综合利用标准，综合利用固体废物应当遵守生态环境法律法规，符合国家废物污染环境防治技术标准，防止固体废物综合利用过程和产品的二次污染，确保"资源化"过程和产品的"无害化"。

35. 哪些企业要实施强制性清洁生产审核?

《固废法》规定，产生工业固体废物的单位应当依法实施清洁生产审核，合理选择和利用原材料、能源和其他资源，采用先进的生产工艺和设备，减少工业固体废物的产生量，降低工业固体废物的危害性。

《清洁生产法》规定，有下列情形之一的企业，应当实施强制性清洁生产审核：①污染物排放超过国家或者地方规定的排放标准，或者虽未超过国家或者地方规定的排放标准，但超过重点污染物排放总量控制指标的；②超过单位产品能源消耗限额标准构成高耗能的；③使用有毒、有害原料进行生产或者在生产中排放有毒、有害物质的。

2016年国家发展和改革委员会、环境保护部发布《清洁生产审核办法》，2018年生态环境部发布《清洁生产审核评估与验收指南》，规范清洁生产审核程序，指导地方和企业开展清洁生产审核，明确使用包含有毒有害原料进行生产或者在生产中排放危险废物等有毒有害物质的企业应当实施强制性清洁生产审核，从源头减少固体废物的产生量，降低工业固体废物的危害性。工业和信息化部联合相关部门发布《国家鼓励的有毒有害原料（产品）替代品目录》，引导企业持续开发、使用低毒低害和无毒无害原料，减少产品中有毒有害物质含量，从源头削减或避免污染物产生。

目前，需要进行强制性生产审核的企业实施名单式管理，由省级生态环境主管部门分批定期公布。随着新《固废法》的施行，纳入强制性清洁生产审核企业名单的企业范围会进一步扩展，清洁生产审核的质量标准也会进一步趋严。

36. 产生工业固体废物的单位如何降低连带责任风险?

《固废法》规定，产生工业固体废物的单位要建立健全工业固体废物产生、收集、贮存、运输、利用、处置全过程的污染环境防治责任制度。这也就意味着，产生工业固体废物的单位要负责固体废物的"从摇篮到坟墓"，无论哪一个环节出了问题，污染了环境或造成了生态破坏，产生工业固体废物的单位都有承担连带责任的风险。而产生工业固体废物的单位建立起全流程规范的固体废物管理制度，是降低责任风险的唯一办法。

例如，在委托第三方处置环节：新《固废法》规定，产生工业固体废物的单位"委托他人运输、利用、处置工业固体废物的，应当对受托方的主体资格和技术能力进行核实，依法签订书面合同，在合同中约定污染防治要求"。如果产生工业固体废物的单位没有做到前述要求，就要与"造成环境污染和生态破坏的受托方承担连带责任"。依托前述规定，产生工业固体废物的单位如何降低自身连带风险呢？具体可分解为三个层次：

（1）受托方的选择。产生工业固体废物的单位委托第三方运输、利用、处置固体废物的，需要对受托方的主体资格和技术能力进行核实，这既是法律的明文要求，也是产生工业固体废物的单位预防连带责任风险的第一步。"核实"需要委托方尽到谨慎注意义务，如委托方对受托方的注册资本、经营范围、相应资质、配套的硬件设施和专业技术人员、工作场所、过往业绩等方面进行的考察。同时注意，能够将"核实"情况外化为"证据"留存。

（2）签订书面委托合同。是否签订"书面合同"理应属于民事主体双方的自由选择。新《固废法》之所以将签订书面委托合同做强制性要求，就在于书面委托合同可以作为环境监管部门对固体废物进行溯源的基本依托。而对产生工业固体废物的单位而言，也能够帮助其隔离风险。如果未按照要求签订"书面合同"，固体废物外运后因第三方随意处置污染环境或破坏生态，追查到产生工业固体废物的单位，产生工业固体废物的单位因无法厘清责任界限，从而导致产生工业固体废物的单位有承担全部责任的可能性。

（3）合同中约定污染防治要求。法律明确要求合同中约定污染防治要求，用以明确受托方的附随污染防治义务。新《固废法》中还规定受托方有向委托方报告运输、利用、处置情况的义务，该义务是受托方对产生工业固体废物的单位承担的一种民事义务，而非行政义务。因此，建议产生工业固体废物的单位在委托合同中明确"告知义务"条款，以增强对固体废物去向的了解，降低责任风险。

37. 产生工业固体废物的单位在工业固体废物源头减量方面应遵守哪些制度?

在源头减量方面，产生工业固体废物的单位应依法实施清洁生产审核，产生工业固体废物的单位应向所在地生态环境主管部门提供减少工业固体废物产生、促进综合利用的具体措施，并执行排污许可管理制度的相关规定；矿山企业应采取科学的开采方法和选矿工艺，减少矿业固体废物，切实加强尾矿库风险预警和防护，推动绿色矿山建设。

38. 在制定防治工业固体废物污染环境的技术政策方面，生态环境部门有哪些职责?

《固废法》规定，国务院生态环境主管部门应当会同国家发展和改革委员会、工业和信息化等主管部门对工业固体废物对公众健康、生态环境的危害和影响程度等做出界定，制定防治工业固体废物污染环境的技术政策，组织推广先进的防治工业固体废物污染环境的生产工艺和设备。

2020年，生态环境部发布《国家先进污染防治技术目录（固体废物和土壤污染防治领域）》，筛选了28项国家先进固体废物污染防治技术。同时，分行业制定了水泥、制药、钢铁、石油天然气、铅锌冶炼、火电、电解锰、印染、制革及皮毛、黄金、造纸、船舶等工业行业污染防治技术政策，公告了《铅蓄电池再生及生产污染防治技术政策》《废电池污染防治技术政策》《水泥窑协同处置固体废物污染防治技术政策》，形成了完备的技术政策体系。下一步，生态环境部将根据实施情况适时开展相关行业污染防治技术政策制（修）订工作。

39. 在促进工业固体废物"减量化""资源化""无害化"方面，工业和信息化主管部门有哪些职责？

《固废法》规定，国务院工业和信息化主管部门应当会同国务院有关部门组织研究开发、推广减少工业固体废物产生量和降低工业固体废物危害性的生产工艺和设备，公布限期淘汰产生严重污染环境的工业固体废物的落后生产工艺、设备的名录。生产者、销售者、进口者、使用者应当在国务院工业和信息化主管部门会同国务院有关部门规定的期限内分别停止生产、销售、进口或者使用列入上述规定名录中的设备。生产工艺的采用者应当在国务院工业和信息化主管部门会同国务院有关部门规定的期限内停止采用列入上述规定名录中的工艺。列入限期淘汰名录被淘汰的设备，不得转让给他人使用。

《固废法》规定，国务院工业和信息化主管部门应当会同国家发展和改革、生态环境等主管部门，定期发布工业固体废物综合利用技术、工艺、设备和产品导向目录，组织开展工业固体废物资源综合利用评价，推动工业固体废物综合利用。

工业和信息化部已发布实施《国家工业资源综合利用先进适用技术装备目录》《国家鼓励发展的重大环保技术装备目录（2020 年版）》等技术装备目录，推动重大工业固体废物处置利用技术装备产业化；发布实施《国家工业固体废物资源综合利用产品目录》，明确了综合利用产品技术条件和要求。落实《工业固体废物资源综合利用评价管理暂行办法》，构建了工业固体废物综合利用评价机制。

40. 什么是大宗工业固体废物？

根据生态环境部发布的《2020 年全国大、中城市固体废物污染环境防治年报》，大宗工业固体废物是指我国各工业领域在生产活动中年产生量在 1 000 万吨以上，对环境和安全影响较大的固体废物，主要包括尾矿、粉煤灰、煤矸石、冶炼废渣、炉渣、脱硫石膏、磷石膏、赤泥和污泥等。

根据生态环境部统计数据，2019 年重点发表调查工业企业尾矿产生量为 10.3 亿吨，其次是粉煤灰 5.4 亿吨，除此之外，产量较大的还有煤矸石 4.8 亿吨、冶炼废渣 4.1 亿吨以及炉渣 3.2 亿吨。大宗工业固体废物量大面广、环境影响突出、利用前景广阔，是资源综合利用的核心领域。推进大宗工业固体废物综合利用对提高资源利用效率、改善环境质量、促进经济社会发展全面绿色转型具有重要意义。

尾矿

粉煤灰

脱硫石膏

磷石膏

赤泥

41. 高炉渣的综合利用方法有哪些?

高炉渣是冶炼生铁时从高炉中排出的漂浮在铁水表面的副产物,可分为水淬渣、膨胀渣和重高炉渣,综合利用方法包括用作生产水泥的原料、混凝土的骨料、人工地基、筑路材料；也可以生产免烧砖、空心砌块、高炉渣微晶玻璃、釉面砖、长纤维玻璃、矿渣刨花板等。

42. 钢渣的综合利用方法有哪些？

钢渣是炼钢过程中从转炉、电炉等炼钢炉中排出的，由炉料杂质、造渣材料等熔化形成的渣。钢渣的综合利用方法包括以下几种：

（1）在冶金领域的应用。例如，回收废钢铁；作为配料和烧结原料，作脱硫剂。

（2）在建筑领域的应用。例如，作为水泥生产的原材料，作混凝土掺合料，生产地面砖和钢渣砌块，作为修筑公路、铁路的基础物料。

43. 有色冶金渣的综合利用方法有哪些？

有色冶金渣是指提取铜、铅、锌、锑、锡、镍等有色金属冶炼过程中所产生的渣。有色冶金渣的综合利用方法包括以下几种：

（1）提取有价金属。主要采取选矿、火法冶炼、湿法冶炼等技术提取铜、铅、锌、锑、锡、镍等有色金属。

（2）用作水泥生产原料。例如，作为水泥生产中的石灰质原料、校正原料及矿化剂等制备各种水泥。

（3）用作墙体材料。例如，可以作为生产砖、砌块等墙体材料的原料；以金属镁渣为胶集料配制空心砌块。

（4）用作路基材料。例如，解毒后固化/稳定化后的铬渣可用作道路基层材料。

（5）用作采矿井下填充材料。不产生二次污染的有色冶金固体废物可充填采矿过程中形成的地下空区。

（6）用作玻璃生产材料。例如，生产矿渣微晶玻璃，铬渣作玻璃着色剂。

44. **粉煤灰的综合利用方法有哪些？**

粉煤灰是指燃煤锅炉产生的烟尘经除尘器收捕下来的细灰。粉煤灰综合利用的方法主要包括以下几种：

（1）用作井下回填和充填矿井塌陷区。粉煤灰填方造地是综合利用最直接有效的方式。

（2）用于筑路工程。例如，用于建设公路路堤。

（3）用作建筑材料。例如，配制粉煤灰水泥、粉煤灰混凝土、粉煤灰烧结砖、粉煤灰砖砌块、粉煤灰陶粒、微晶玻璃等。

（4）提取氧化铝。

45. **尾矿的综合利用方法有哪些？**

尾矿的综合利用方法主要有以下几种：

（1）回收有用组分。多数选矿厂受早期技术条件所限，某些有用组分都或多或少残留在尾矿中，在技术经济条件可行的情况下，可做到有用组分的综合回收和利用，如铜尾矿回收钼，金尾矿回收铅、锌和硫，铁尾矿再选回收铁，钨尾矿回收萤石。

（2）作采矿采空区域塌陷区的充填料。尾矿作充填料是直接大量利用尾矿的有效途径之一。

（3）生产建材。利用尾矿中的非金属矿物及金属矿物，作为生产水泥、铸石、微晶玻璃、陶瓷、筑路材料的原料等。

（4）在尾矿堆积场覆土造地，种植植被。

46. **煤矸石的综合利用方法有哪些？**

煤矸石的综合利用方法主要有以下几种：

（1）回收煤炭和黄铁矿。通过简易工艺，从煤矸石中洗选出好煤，通过筛选从中选出劣质煤，同时拣出黄铁矿，或从选煤用的跳汰机——平面摇床流程中回收黄铁矿、洗混煤和中煤。回收的煤炭可作动力锅炉的燃料，洗矸可作建筑材料，黄铁矿可作化工原料。

（2）用于发电。主要用洗中煤和洗矸混烧发电。我国已用沸腾炉燃烧洗中煤和洗矸的混合物（发热量每千克约 2 000 大卡）发电。炉渣可生产炉渣砖和炉渣水泥。

（3）制造建筑材料。代替黏土作为制砖原料，可以少挖良田。烧砖时，利用煤矸石本身的可燃物，可以节约煤炭。煤矸石可以部分或全部代替黏土组分生产普通水泥。煤矸石可用来烧结轻骨料。

（4）有价组分回收，制备白炭黑。用煤矸石废弃物作为原料，经过洗选出煤矸石中发热值较高的中煤，以浓碱低压溶出燃烧后的煤矸石中的氧化硅形成 Na_2SiO_3 溶液，经碳分制成白炭黑。

（5）制备土壤改良剂应用于农业上。将煤矸石制作为多元复合肥的载体和调节剂，成为植物生长过程的养分持续供给体，可对农作物有显著的增根和助苗生长作用。

此外，煤矸石还可用于生产低热值煤气，制造陶瓷，制作土壤改良剂，或用于铺路、井下充填、地面充填造地。在自燃后的矸石山上也可种草造林，美化环境。

47. 尾矿库污染隐患排查治理的主要要求是什么？

我国尾矿年产生量约 10 亿吨，占一般工业固体废物年产生量的 1/4。尾矿种类多、成分复杂，环境风险高，污染防治工作基础弱。

我国于 1992 年颁布实施《防治尾矿污染环境管理规定》（以下简称《规定》），1999 年、2010 年两次对《规定》进行修正，为预防和减少尾矿污染环境发挥了积极作用。但《规定》自 1992 年发布以来已历经 30 余年，《规定》的一些内容已不能适应当前尾矿环境管理的需要。进一步建立健全尾矿环境管理制度，防治尾矿污染，生态环境部印发了《尾矿污染环境防治管理办法》（生态环境部令　第26号，以下简称《办法》），已于2022年7月1日起实施。

尾矿库污染隐蔽性强，由于废水收集处理和防渗等环境保护措施不到位，可能对水、大气、土壤造成潜在的污染。《办法》规定，尾矿库运营、管理单位应当建立健全尾矿库污染隐患排查治理制度，定期组织开展尾矿库污染隐患排查治理；发现污染隐患的，应当制定整改方案，及时采取措施消除隐患。同时要求尾矿库运营、管理单位在环境监测等活动中发现尾矿库周边土壤和地下水存在污染物渗漏或者含量升高等污染迹象的，应当及时查明原因，采取措施及时阻止污染物泄漏，并按照国家有关规定开展环境调查与风险评估，根据调查与风险评估结果采取风险管控或者治理修复等措施。

同时，《办法》细化了尾矿产生、贮存、运输和综合利用各个环节的环境管理要求，明确相关企业污染防治主体责任和生态环境部门的监管职责。

48. 什么是大宗固体废弃物？

根据国家发展和改革委员会有关负责同志就《关于"十四五"大宗固体废弃物综合利用的指导意见》答记者问解释，大宗固体废弃物指单一种类年产生量在1亿吨以上的固体废弃物，包括煤矸石、粉煤灰、尾矿、工业副产石膏、冶炼渣、建筑垃圾和农作物秸秆七个品类，是资源综合利用重点领域。

49. 为什么要推动大宗固体废弃物综合利用？

目前，我国大宗固体废弃物累计堆存量约600亿吨，年新增堆存量近30亿吨，其中，赤泥、磷石膏、钢渣等固体废弃物利用率仍较低，占用大量土地资源，存在较大的生态环境安全隐患。受资源禀赋、能源结构、发展阶段等因素影响，未来我国大宗固体废物仍将面临产生强度高、利用不充分、综合利用产品附加值低的严峻挑战。

50. 我国在推动大宗固体废弃物综合利用方面取得哪些成绩?

我国历来高度重视资源综合利用工作,特别是党的十八大以来,我国把资源综合利用纳入生态文明建设总体布局,不断完善法规政策、强化科技支撑、健全标准规范,推动资源综合利用产业发展壮大,各项工作取得积极进展。根据《关于"十四五"大宗固体废弃物综合利用的指导意见》(发改环资〔2021〕381号)数据,2019年,我国大宗固体废弃物综合利用率达到55%,比2015年提高5个百分点,其中,煤矸石、粉煤灰、工业副产石膏、秸秆的综合利用率分别达到70%、78%、70%、86%。"十三五"期间,累计综合利用各类大宗固体废弃物约130亿吨,减少占用土地超过100万亩[①],提供了大量资源综合利用产品,促进了煤炭、化工、电力、钢铁、建材等行业高质量发展,资源环境和经济效益显著,对缓解我国部分原材料紧缺、改善生态环境质量发挥了重要作用。

"十四五"时期,我国将开启全面建设社会主义现代化国家新征程,围绕推动高质量发展主题,全面提高资源利用效率的任务更加迫切。受资源禀赋、能源结构、发展阶段等因素影响,未来我国大宗固体废弃物仍面临产生强度高、利用不充分、综合利用产品附加值低的严峻形势。目前,大宗固体废弃物累计堆存量约600亿吨,年新增堆存量近30亿吨,其中,赤泥、磷石膏、钢渣等固体废物利用率仍较低,大宗固体废弃物综合利用任重道远。

51. 我国通过哪些途径推动大宗固体废弃物综合利用?

我国大宗固体废弃物产生量高、堆存量大、分布广、性质复杂,如不能合理处置利用,将带来安全和环境风险。推动大宗固体废弃物综合利用,是转变生产方式、缓解资源环境约束的重要途径。近年来,国家有关部门积极推进大宗固体废弃物综合利用,提高资源综合利用水平。

(1)完善政策措施。国家发展和改革委员会等14部门印发《循环发展引领行

---

① 1亩=1/15公顷。

动》，提出"推动尾矿、煤矸石、粉煤灰、冶金渣、工业副产石膏、化工废渣、赤泥等大宗固体废弃物综合利用，拓宽利用途径，提升利用水平"；工业和信息化部发布了《工业绿色发展规划》《绿色制造工程实施指南（2016—2020 年）》，重点针对冶炼渣、粉煤灰、工业副产石膏等大宗工业固体废弃物，推进资源化利用。推进机制砂石行业发展，鼓励利用废石、尾矿等固体废物资源生产机制砂。

（2）强化法律基础。积极推动修订《固废法》。《固废法》第 4 条明确规定"固体废物污染环境防治坚持减量化、资源化和无害化原则。任何单位和个人都应当采取措施，减少固体废物的产生量，促进固体废物的综合利用，降低固体废物的危害性"。第 40 条第 1 款规定"产生工业固体废物的单位应当根据经济、技术条件对工业固体废物加以利用；对暂时不利用或者不能利用的，应当按照国务院生态环境等主管部门的规定建设贮存设施、场所，安全分类存放，或者采取无害化处置措施"。第 42 条第 2 款规定"国家鼓励采取先进工艺对尾矿、煤矸石、废石等矿业固体废物进行综合利用"。本次修订为加快推进工业固体废物综合利用奠定了法律基础。

（3）开展示范基地建设。①开展大宗固体废弃物综合利用基地建设，发布《关于发布资源综合利用基地名单的通知》，以尾矿（共伴生矿）、煤矸石、粉煤灰、冶金渣（赤泥）、化工渣（工业副产石膏）、工业废弃料（建筑垃圾）、农林废弃物等大宗固体废弃物为重点，建设了 50 个大宗固体废弃物综合利用基地，促进大宗固体废弃物综合利用产业高质量发展。②推进工业资源综合利用基地建设，工业和信息化部组织创建了 2 批 60 家工业资源综合利用基地，重点围绕冶金渣、粉煤灰、煤矸石、工业副产石膏等大宗固体废弃物，通过政策协同、机制创新和项目牵引等综合措施，推动综合利用产业集聚化、规模化发展；发布《京津冀及周边地区工业资源综合利用产业协同发展行动计划（2015—2017 年）》，针对区域内工业固体废物产生量大、利用不平衡等问题，开展区域协同利用，着力提升大宗固体废弃物综合利用水平。③推动"无废城市"试点建设，国务院办公厅印发《"无废城市"建设试点工作方案》，提出"以尾矿、煤矸石、粉煤灰、冶炼渣、工业副产石膏等大宗工业固体废弃物为重点，完善综合利用标准体系，分类别制定工业副产品、资源综合利用产品等产品技术标准。推广一批先进技术装备，推动大宗工业固体废弃物综合利用产业规模化、高值化、集约化发展"。

52. 申报大宗固体废弃物综合利用基地建设应满足哪些条件？

改革开放 40 多年来，我国经济快速发展，煤炭、电力、冶金、化工等行业迅猛发展，产业水平不断提高、规模不断扩大、能力不断增强。随之而来的环境和资源压力也在不断加大，其中，大宗固体废弃物排放已影响和制约着产业经济的高质量发展。因此，不断提高大宗固体废弃物综合利用水平、提高资源利用效率，对缓解资源"瓶颈"压力、培育新的经济增长点具有重要意义。

开展大宗固体废弃物综合利用基地建设，有助于推进大宗固体废弃物综合利用产业集聚发展，是不断提高和扩大大宗固体废弃物综合利用技术水平、装备能力、应用规模和领域、品质和效益等的有效途径和重要保障。

国家发展和改革委员会办公厅、工业和信息化部办公厅联合发布《关于推进大宗固体废弃物综合利用产业集聚发展的通知》（发改办环资〔2019〕44 号），对开展大宗固体废弃物综合利用基地建设提出具体要求。

申报基地应满足以下条件：

（1）大宗固体废弃物综合利用基地。符合国家法律法规和产业政策规定，符合相关产业、土地、区域和城市等总体规划；已制定大宗固体废弃物资源综合利用相关规划或工作方案，并纳入地方经济和社会发展规划，具有区位、产业、技术、人才、市场等优势；建设运营责任主体，具有良好的经济效益、社会效益和社会环境效益，固体废物处理量达到一定规模，综合利用率超过 65%；具有一定数量的骨干企业，工艺技术和装备先进，主导产品在行业中有重要影响；近 3 年未发生重大环保、安全事故；鼓励京津冀及周边地区、长江经济带、东北地区老工业基地等重点区域开展跨区域基地建设和协同发展。

（2）工业资源综合利用基地。已制定工业资源综合利用相关规划或工作方案，并纳入当地总体发展规划。具有良好产业发展环境，近 3 年未发生重大环保、安全事故。工业资源年综合利用总量 1 000 万吨以上，综合利用率 65% 以上，综合利用年产值超过 10 亿元。拥有 3 家以上工业资源综合利用龙头企业，形成协作配套的综合利用产业体系。实施或拟实施跨企业、跨行业、跨区域工业资源综合利用产业化项目，形成一批综合利用产品标准，建立工业资源综合利用技术创新、检验检测、信息咨询、人才培训、融资服务等平台。

53. "十四五"时期如何提高大宗固体废弃物资源利用效率？

（1）煤矸石和粉煤灰。持续提高煤矸石和粉煤灰综合利用水平，推进煤矸石和粉煤灰在工程建设、塌陷区治理、矿井充填以及盐碱地、沙漠化土地生态修复等领域的利用，有序引导利用煤矸石、粉煤灰生产新型墙体材料、装饰装修材料等绿色建材，在风险可控前提下深入推动农业领域应用和有价组分提取，加强大掺量和高附加值产品应用推广。

（2）尾矿。稳步推进金属尾矿有价组分高效提取及整体利用，推动采矿废石制备砂石骨料、陶粒、干混砂浆等砂源替代材料和胶凝回填利用，探索尾矿在生态环境治理领域的利用。加快推进黑色金属、有色金属、稀贵金属等共伴生矿产资源综合开发利用和有价组分梯级回收，推动有价金属提取后剩余废渣的规模化利用。依法依规推动已闭库尾矿库生态修复，未经批准不得擅自回采尾矿。

（3）冶炼渣。加强产业协同利用，扩大赤泥和钢渣利用规模，提高赤泥在道路材料中的掺用比例，扩大钢渣微粉作混凝土掺合料在建设工程等领域的利用。不断探索赤泥和钢渣的其他规模化利用渠道。鼓励从赤泥中回收铁、碱、氧化铝，从冶炼渣中回收稀有稀散金属和稀贵金属等有价组分，提高矿产资源利用效率，保障国家资源安全，逐步提高冶炼渣综合利用率。

（4）工业副产石膏。拓宽磷石膏利用途径，继续推广磷石膏在生产水泥和新型建筑材料等领域的利用，在确保环境安全的前提下，探索磷石膏在土壤改良、井下充填、路基材料等领域的应用。支持利用脱硫石膏、柠檬酸石膏制备绿色建材、石膏晶须等新产品新材料，扩大工业副产石膏高值化利用规模。积极探索钛石膏、氟石膏等复杂难用工业副产石膏的资源化利用途径。

54. 在工业固体废物领域，新《固废法》赋予生态环境主管部门哪些执法权？

产生、收集、贮存、运输、利用、处置固体废物的单位未依法及时公开固体废物污染环境防治信息的，由生态环境主管部门责令改正，处五万元以上二十万元以下的罚款，没收违法所得；情节严重的，报经有批准权的人民政府批准，可以责令停业或关闭。

将列入限期淘汰名录被淘汰的设备转让给他人使用的，由生态环境主管部门责令改正，处十万元以上一百万元以下的罚款，没收违法所得；情节严重的，报经有批准权的人民政府批准，可以责令停业或者关闭。

转移固体废物出省、自治区、直辖市行政区域贮存、处置未经批准的，由生态环境主管部门责令改正，处十万元以上一百万元以下的罚款，没收违法所得；情节严重的，报经有批准权的人民政府批准，可以责令停业或者关闭。

转移固体废物出省、自治区、直辖市行政区域利用未报备案的，由生态环境主管部门责令改正，处十万元以上一百万元以下的罚款，没收违法所得；情节严重的，报经有批准权的人民政府批准，可以责令停业或者关闭。

擅自倾倒、堆放、丢弃、遗撒工业固体废物，或者未采取相应防范措施，造成工业固体废物扬散、流失、渗漏或者其他环境污染的，由生态环境主管部门责令改正，处所需处置费用一倍以上三倍以下的罚款，所需处置费用不足十万元的，按十万元计算，没收违法所得；情节严重的，报经有批准权的人民政府批准，可以责令企业或者关闭。

产生工业固体废物的单位未建立固体废物管理台账并如实记录的，由生态环境主管部门责令改正，处五万元以上二十万元以下的罚款，没收违法所得；情节严重的，报经有批准权的人民政府批准，可以责令停业或者关闭。

产生工业固体废物的单位违反本法规定委托他人运输、利用、处置工业固体废物的，由生态环境主管部门责令改正，处十万元以上一百万元以下的罚款，没收违法所得；情节严重的，报经有批准权的人民政府批准，可以责令停业或者关闭。

贮存工业固体废物未采取符合国家环境保护标准的防护措施的，由生态环境主管部门责令改正，处十万元以上一百万元以下的罚款，没收违法所得；情况严重的，报经有批准权的人民政府批准，可以责令停业或者关闭。

未依法取得排污许可证产生工业固体废物的，由生态环境主管部门责令改正或者限制生产、停产整治，处十万元以上一百万元以下的罚款；情节严重的，报经有批准权的人民政府批准，责令停业或者关闭。

尾矿、煤矸石、废石等矿业固体废物贮存设施停止使用后，未按照国家有关环境保护规定进行封场的，由生态环境主管部门责令改正，处二十万元以上一百万元以下的罚款。

55. "十四五"时期"无废城市"建设过程中，工业领域的主要任务是什么？

"十四五"时期"无废城市"建设过程中，工业领域的主要任务是"加快工业绿色低碳发展，降低工业固体废物处置压力"。

（1）源头减量方面。以"三线一单"为抓手，严控高耗能、高排放项目盲目发展，大力发展绿色低碳产业，推行产品绿色设计，构建绿色供应链，实现源头减量。结合工业领域减污降碳要求，加快探索钢铁、有色、化工、建材等重点行业工业固体废物减量化路径，全面推行清洁生产。全面推进绿色矿山、"无废"矿区建设，推广尾矿等大宗工业固体废弃物环境友好型井下充填、回填，减少尾矿库贮存量。

（2）资源化利用方面。推动大宗工业固体废弃物在提取有价组分、生产建材、筑路、生态修复、土壤治理等领域的规模化利用。以锰渣、赤泥、废盐等难利用冶炼渣、化工渣为重点，加强贮存处置环节环境管理，推动建设符合国家有关标准的贮存处置设施。

（3）最终处置方面。支持金属冶炼、造纸、汽车制造等龙头企业与再生资源回收加工企业合作，建设一体化废钢铁、废有色金属、废纸等绿色分拣加工配送中心和废旧动力电池回收中心。加快绿色园区建设，推动园区企业内、企业间和产业间物料闭路循环，实现固体废物循环利用。推动利用水泥窑、燃煤锅炉等协同处置固体废物。开展历史遗留固体废物排查、分类整治，加快历史遗留问题解决。

56. "十四五"时期"无废城市"建设过程中，工业领域的主要指标有哪些？

"十四五"时期"无废城市"建设过程中，在工业领域，重点围绕固体废物源头减量、资源化利用、最终处置等方面设置相应指标。

（1）源头减量方面。主要指标有一般工业固体废物产生强度、通过清洁生产审核评估工业企业占比、开展绿色工厂建设的企业占比、绿色矿山建成率、城市重点行业工业企业碳排放强度降低幅度。

（2）资源化利用方面。主要指标有一般工业固体废物综合利用率，开展绿色工厂建设的企业占比，开展生态工业园区建设、循环化改造、绿色园区建设的工业园区占比。

（3）最终处置方面。主要指标有一般工业固体废物贮存处置量下降幅度、完成大宗工业固体废物堆存场所（含尾矿库）综合整治的堆场数量占比。

57. "十四五"时期"无废城市"建设过程中，在推动减污降碳协同增效方面，工业领域设置的指标有哪些？

"十四五"时期"无废城市"建设过程中，在推动减污降碳协同增效方面，工业领域设置的指标是"城市重点行业工业企业碳排放强度降低幅度"。

城市重点行业工业企业碳排放强度降低幅度是指城市钢铁、建材、有色、化工、石化、电力、煤炭等碳排放重点行业工业企业的碳排放强度相对基准年的降低幅度。该指标用于引领促进钢铁、建材、有色、化工、石化、电力、煤炭等重点行业工业企业不断降低碳排放强度，为城市整体实现碳达峰、碳中和提供重要支撑。

城市重点行业工业企业碳排放强度降低幅度的计算方法：

城市重点行业工业企业碳排放强度降低幅度（%）=（基准年城市重点行业工业企业碳排放强度−评价年城市重点行业工业企业碳排放强度）÷基准年城市重点行业工业企业碳排放强度×100%

城市重点行业工业企业碳排放强度降低幅度的核算依据为《企业温室气体排放核算方法与报告指南（试行）》；核算范围为温室气体重点排放单位（企业）。具体要求参见《企业温室气体排放核算方法与报告指南　发电设施（2022年修订版）》《关于做好2022年企业温室气体排放报告管理相关重点工作的通知》。

【本章作者：张宏伟】

第四章

关于生活垃圾

58. 生活垃圾分为哪几类?

生活垃圾分为厨余垃圾、可回收物、有害垃圾和其他垃圾四类。

厨余垃圾是指家庭中产生的菜帮菜叶、瓜果皮核、剩菜剩饭、废弃食物等易腐性垃圾,从事餐饮经营活动的企业和机关、部队、学校、企业事业等单位集体食堂在食品加工饮食服务、单位供餐等活动中产生的食物残渣、食品加工废料和废弃食用油脂,以及农贸市场、农产品批发市场产生的蔬菜瓜果垃圾、腐肉、肉骨、水产品、畜内脏等。

可回收物是指在日常生活中或者为日常生活提供服务的活动中产生的,已经失去原有全部或者部分使用价值,回收后经过再加工可以成为生产原料或者经过整理可以再利用的物品,主要包括废纸类、塑料类、玻璃类、金属类、电子废弃物类、织物类等。

有害垃圾是指生活垃圾中的有毒有害物质。包括废电池(镉镍电池、氧化汞电池、铅蓄电池等),废荧光灯管(日光灯管、节能灯管等),废温度计,废血压计,杀虫剂及其包装物,过期药品及其包装物,废油漆、溶剂及其包装物等。

其他垃圾是指除厨余垃圾、可回收物、有害垃圾之外的生活垃圾,以及难以辨识类别的生活垃圾。主要包括餐盒、餐巾纸、湿纸巾、卫生纸、塑料袋、食品包装袋、污染纸张、烟蒂、纸尿裤、一次性餐具、大骨头、贝壳、花盆、陶瓷碎片等。

59. 目前先行实施生活垃圾强制分类的城市有哪些?

根据 2017 年国务院办公厅发布的《国务院办公厅关于转发国家发展改革委 住房城乡建设部生活垃圾分类制度实施方案的通知》(国办发〔2017〕26 号)要求,2020 年年底前,在以下重点城市的城区范围内先行实施生活垃圾强制分类。

(1)直辖市、省会城市和计划单列市。

(2)住房城乡建设部等部门确定的第一批生活垃圾分类示范城市,包括河北省邯郸市、江苏省苏州市、安徽省铜陵市、江西省宜春市、山东省泰安市、湖北省宜昌市、四川省广元市、四川省德阳市、西藏自治区日喀则市、陕西省咸阳市。

（3）鼓励各省（区）结合实际，选择本地区具备条件的城市实施生活垃圾强制分类，国家生态文明试验区、各地新城新区应率先实施生活垃圾强制分类。

60. 生活垃圾的处理费收费标准是如何确定的？

新修订的《中华人民共和国固体废物污染环境防治法》第58条明确规定：县级以上地方人民政府应当按照产生者付费原则，建立生活垃圾处理收费制度。县级以上地方人民政府制定生活垃圾处理收费标准，应当根据本地实际，结合生活垃圾分类情况，体现分类计价、计量收费等差别化管理，并充分征求公众意见。生活垃圾处理收费标准应当向社会公布。

例如，2020年新版《北京市生活垃圾管理条例》第8条规定：本市按照多排放多付费、少排放少付费，混合垃圾多付费、分类垃圾少付费的原则，逐步建立计量收费、分类计价、易于收缴的生活垃圾处理收费制度，加强收费管理，促进生活垃圾减量、分类和资源化利用。具体办法由市发展改革部门会同市城市管理、财政等部门制定。产生生活垃圾的单位和个人应当按照规定缴纳生活垃圾处理费。同时，第40条要求：居民对装饰装修过程中产生的建筑垃圾，应当按照生活垃圾分类管理责任人规定的时间、地点和要求单独堆放，并承担处理费用；生活垃圾分类管理责任人应当依法办理渣土消纳许可。

61. 生活垃圾的处理处置方式有哪些？

生活垃圾的处理处置方式包括回收综合利用、卫生填埋、焚烧处理、堆肥处理、水泥窑协同处置等。

62. 生活垃圾对环境有哪些危害？

生活垃圾的不恰当处置不但占用大量的土地，污染水体、大气、土壤等，而且会影响环境卫生，传播疾病，对生态系统和人体健康造成危害。

63. 生活垃圾分类的主要目的是什么？

（1）减少垃圾处置量。生活垃圾分类减少了进入填埋和焚烧等最终处置设施的垃圾量，减少了不利于填埋或焚烧处置的物质，提高了垃圾堆肥的效果，有利于生活垃圾处理处置设施的正常运行和污染控制。

（2）便于回收利用垃圾中的有用物质。生活垃圾分类能够减少可回收物质的污染，提高可回收物质的纯度，减少可回收物质分选的工作量。

（3）最大限度地减少污染。混合收集容易造成生活垃圾中高含水率易降解厨余垃圾和有毒有害物质的混入，分类后可以按照不同种类垃圾的性质对收集容器和后端处理进行严格要求，能够减少环境污染。

64. 焚烧法处理生活垃圾的基本目标是什么？

（1）实现垃圾减量（垃圾重量减量 70%～85%，容积减量 90% 以上）。

（2）实现余热利用（利用焚烧余热产生热能）。

（3）消除垃圾的有害物质。

65. 我国生活垃圾管理的基本思路是什么？

全民动员，科学引导。在切实提高生活垃圾无害化处理能力的基础上，加强产品生产和流通过程管理，减少过度包装，倡导节约和低碳的消费模式，从源头控制生活垃圾产生。

综合利用，变废为宝。坚持发展循环经济，推动生活垃圾分类工作，提高生活垃圾中废纸、废塑料、废金属等材料的回收利用率，提高生活垃圾中有机成分和热能的利用水平，全面提升生活垃圾资源化利用工作。

统筹规划，合理布局。城市生活垃圾处理要与经济社会发展水平相协调，注重城乡统筹、区域规划、设施共享，集中处理与分散处理相结合，提高设施利用效率，扩大服务覆盖面。要科学制定标准，注重技术创新，因地制宜地选择先进适用的生活垃圾处理技术。

政府主导，社会参与。明确城市人民政府责任，在加大公共财政对城市生活垃圾处理投入的同时，采取有效的支持政策，引入市场机制，充分调动社会资金参与城市生活垃圾处理设施建设和运营的积极性。

66. 我国生活垃圾管理的发展目标是什么？

根据《国家发展改革委 住房城乡建设部关于印发〈"十四五"城镇生活垃圾分类和处理设施发展规划〉的通知》（发改环资〔2021〕642 号），我国生活垃圾管理发展目标为：

到 2025 年年底，直辖市、省会城市和计划单列市等 46 个重点城市生活垃圾分类和处理能力进一步提升；地级城市因地制宜基本建成生活垃圾分类和处理系统；京津冀及周边、长三角、粤港澳大湾区、长江经济带、黄河流域、生态文明试验区具备条件的县城基本建成生活垃圾分类和处理系统；鼓励其他地区积极提升垃圾分类和处理设施覆盖水平。支持建制镇加快补齐生活垃圾收集、转运、无害化处理设施短板。

——垃圾资源化利用率：到 2025 年年底，全国城市生活垃圾资源化利用率达到 60%左右。

——垃圾分类收运能力：到 2025 年年底，全国生活垃圾分类收运能力达到70 万吨/日左右，基本满足地级及以上城市生活垃圾分类收集、分类转运、分类处理需求；鼓励有条件的县城推进生活垃圾分类和处理设施建设。

——垃圾焚烧处理能力：到 2025 年年底，全国城镇生活垃圾焚烧处理能力达到 80 万吨/日左右，城市生活垃圾焚烧处理能力占比 65%左右。

67. 我国垃圾处理的原则是什么？

根据《固废法》，国家对固体废物污染环境的防治，实行减少固体废物的产生量和危害性、充分合理利用固体废物和无害化处置固体废物的原则，促进清洁生产和循环经济发展。

住房和城乡建设部、国家发改委和环境保护部《关于印发生活垃圾处理技术指南的通知》（建城〔2010〕61 号）规定了生活垃圾处理应以保障公共环境卫生和人体健康、防止环境污染为宗旨，遵循"减量化、资源化、无害化"原则。

住房城乡建设部《城市生活垃圾管理办法》（2015 年 5 月修订）规定了城市生活垃圾的治理，实行减量化、资源化、无害化和谁产生、谁依法负责的原则。国家采取有利于城市生活垃圾综合利用的经济、技术政策和措施，提高城市生活垃圾治理的科学技术水平，鼓励对城市生活垃圾实行充分回收和合理利用。

68. 生活垃圾的管理主要涉及哪些政府部门？

2011 年，国务院批转住房城乡建设部、环境保护部等 16 个部委联合发布的《关于进一步加强城市生活垃圾处理工作的意见》明确了生活垃圾管理上各部门分工：

住房城乡建设部负责城市生活垃圾处理行业管理，牵头建立城市生活垃圾处理部际联席会议制度，协调解决工作中的重大问题，健全监管考核指标体系，并纳入节能减排考核工作。

环境保护部（现生态环境部）负责生活垃圾处理设施环境影响评价，制定污染控制标准，监管污染物排放和有害垃圾处理处置。

国家发展和改革委员会会同住房城乡建设部、环境保护部（现生态环境部）编制全国性规划，协调综合性政策。

科技部会同有关部门负责生活垃圾处理技术创新工作。

工业和信息化部负责生活垃圾处理装备自主化工作。

财政部负责研究支持城市生活垃圾处理的财税政策。

国土资源部负责制定生活垃圾处理设施用地标准，保障建设用地供应。

农业部（现农业农村部）负责生活垃圾肥料资源化处理利用标准制定和肥料登记工作。

商务部负责生活垃圾中可再生资源回收管理工作。

在地方层面，主要是住建部门和环保部门（现生态环境部门）负责生活垃圾的具体管理，其中住建部门负责生活垃圾的清运、处理处置及相关设施建设的管理，环保部门（现生态环境部门）负责生活垃圾处理处置过程中的污染防治管理。

69. 我国生活垃圾管理的法律依据主要有哪些？

我国生活垃圾管理的法规依据非常多，包括国家层面、部委层面和地方层面。其中国家层面的法律规章主要有以下四个：

（1）《中华人民共和国固体废物污染环境防治法》（2020 年修订）

为了保护和改善生态环境，防治固体废物污染环境，保障公众健康，维护生态安全，推进生态文明建设，促进经济社会可持续发展，制定本法。该法自 2020 年 9 月 1 日起施行。国家对固体废物污染环境防治坚持减量化、资源化和无害化的原则。任何单位和个人都应当采取措施，减少固体废物的产生量，促进固体废物的综合利用，降低固体废物的危害性。

该法规定国家推行生活垃圾分类制度。生活垃圾分类坚持政府推动、全民参与、城乡统筹、因地制宜、简便易行的原则。同时，该法对城乡生活垃圾清扫、收集、贮存、运输、处理等过程的污染防治作出了相关规定。

（2）《中华人民共和国循环经济促进法》（2018 年修订）

为了促进循环经济发展，提高资源利用效率，保护和改善环境，实现可持续发展，制定本法。该法自 2009 年 1 月 1 日起施行。该法对生产、流通和消费等过程中进行的减量化、再利用、资源化活动作出了相关规定。

（3）《城市市容和环境卫生管理条例》（根据 2017 年 3 月 1 日《国务院关于修改和废止部分行政法规的决定》第二次修订）

为了加强城市市容和环境卫生管理，创造清洁、优美的城市工作、生活环境，促进城市社会主义物质文明和精神文明建设，制定本条例，1992 年以中华人民共和国国务院令第 101 号颁布。该条例主要对"城市市容管理"和"城市环境卫生管理"及其罚则作出了相关规定。

（4）《关于进一步加强城市生活垃圾处理工作的意见》（国发〔2011〕9 号）

为切实加大城市生活垃圾处理工作力度，提高城市生活垃圾处理减量化、资源化和无害化水平，改善城市人居环境，由住房城乡建设部、环境保护部、国家发展和改革委员会等 16 部委联合起草，2011 年 4 月 19 日国务院批转了该意见。该意见确定了生活垃圾处理的指导思想、基本原则和发展目标，并从切实控制城市生活垃圾产生、全面提高城市生活垃圾处理能力和水平、强化监督管理、加大政策支持力度和加强组织领导等几个方面给出具体的管理意见。

70. 生活垃圾管理通用标准主要有哪些?

《生活垃圾分类标志》（GB/T 19095—2019）

《生活垃圾填埋场污染物控制标准》（GB 16889—2008）

《生活垃圾焚烧污染控制标准》（GB 18485—2014）

《生活垃圾综合处理与资源利用技术要求》（GB/T 25180—2010）

《生活垃圾填埋场稳定化场地利用技术要求》（GB/T 25179—2010）

《生活垃圾卫生填埋场运行维护技术规程》（CJJ 93—2011）

《生活垃圾填埋场填埋气体收集处理及利用工程技术规范》（CJJ 133—2009）

《生活垃圾填埋场渗滤液处理工程技术规范》（HJ 564—2010）

《生活垃圾渗滤液处理技术规范》（CJJ 150—2010）

《生活垃圾焚烧飞灰污染控制技术规范（试行）》（HJ 1134—2020）

《生活垃圾焚烧处理工程技术规范》（CJJ 90—2009）

《城市生活垃圾好氧静态堆肥处理技术规程》（CJJ/T 52—1993）

《城市生活垃圾堆肥处理厂运行、维护及其安全技术规程》（CJJ 86—2000）

71. 什么是"两网融合"？

"两网融合"是指健全再生资源回收利用体系，加强生活垃圾分类收运体系与再生资源回收体系在规划、建设、运营等方面的融合。

72. 垃圾处置设施建设和运营过程中，公众如何参与监督？

在项目核准、建设和运营过程中公众都可以参与监督。根据《中华人民共和国环境影响评价法》和《环境影响评价公众参与办法》（生态环境部令　第4号）等的规定，环境影响评价必须征求周围群众的意见。环评在项目立项和规划选址确定后，根据建设单位提供的相关资料，按照环境影响评价导则技术规范和程序开展工作；环评阶段有公众参与环节，在此阶段会征求周边群众意见，公众可以充分发表意见和建议。

73. 什么是邻避效应？

邻避效应是指居民或当地单位因担心建设项目（如垃圾场、核电厂、殡仪馆等邻避设施）对身体健康、环境质量和资产价值等带来诸多负面影响，从而激发人们的嫌恶情结，滋生"不要建在我家后院"的心理，而采取的强烈和坚决的、有时高度情绪化的集体反对甚至抗争行为。

74. 国家对生活垃圾焚烧厂对避免邻避效应有哪些法规要求？

根据《生活垃圾焚烧发电建设项目环境准入条件（试行）》（环办环评〔2018〕20号），鼓励制订构建"邻利型"服务设施计划，面向周边地区设立共享区域，因地制宜配套绿化或者休闲设施等，拓展惠民利民措施，努力让垃圾焚烧设施与居民、社区形成利益共同体。

75. 生活垃圾焚烧项目实施后如何实现有效监管？

项目应设置烟气在线自动监测系统，该监测系统与生态环境部门监测系统联网，接受生态环境部门监管，同时相关在线监测数据在厂前大型显示屏上实时显示，接受政府部门监管和社会监督；项目在建设和运营过程中，政府部门成立专门的监管机构代表政府对企业进行监管。

76. 生活垃圾焚烧排放的烟气有哪些法规要求？

根据《生活垃圾焚烧发电建设项目环境准入条件（试行）》（环办环评〔2018〕20号），采取高效废气污染控制措施。烟气净化工艺流程的选择应符合《生活垃圾焚烧处理工程技术规范》（CJJ 90—2009）等相关要求，充分考虑生活垃圾特性和焚烧污染物产生量的变化及其物理、化学性质的影响，采用成熟先进的工艺路线，并注意组合工艺间的相互匹配。重点关注活性炭喷射量、烟气体积、袋式除尘器过滤风速等重要指标。鼓励配套建设二噁英及重金属烟气深度净化装置。

焚烧处理后的烟气应采用独立的排气筒排放，多台焚烧炉的排气筒可采用多筒集束式排放，外排烟气和排气筒高度应当满足《生活垃圾焚烧污染控制标准》（GB 18485）和地方相关标准要求。

严格恶臭气体的无组织排放治理，生活垃圾装卸、贮存设施、渗滤液收集和处理设施等应当采取密闭负压措施，并保证其在运行期和停炉期均处于负压状态。正常运行时设施内气体应当通过焚烧炉高温处理，停炉等状态下应当收集并经除臭处理，满足《恶臭污染物排放标准》（GB 14554）要求后排放。

77. 生活垃圾焚烧厂的废水排放有哪些法规要求？

根据《生活垃圾焚烧发电建设项目环境准入条件（试行）》（环办环评〔2018〕20号），生活垃圾渗滤液和车辆清洗废水应当收集并在生活垃圾焚烧厂内处理或者送至生活垃圾填埋场渗滤液处理设施处理，立足于厂内回用或者满足《生活垃圾焚烧污染控制标准》（GB 18485）提出的具体限定条件和要求后排放。若通过污水管网或者采用密闭输送方式送至采用二级处理方式的城市污水处理厂处理，应当满足《生活垃圾焚烧污染控制标准》（GB 18485）的限定条件。设置足够容积的垃圾渗滤液事故收集池，对事故垃圾渗滤液进行有效收集，采取措施妥善处理，严禁直接外排。不得在水环境敏感区等禁设排污口的区域设置废水排放口。采取分区防渗，明确具体防渗措施及相关防渗技术要求，垃圾贮坑、渗滤液处理装置等区域应当列为重点防渗区。

78. 生活垃圾焚烧厂在运营监测方面有哪些法规要求？

根据《生活垃圾焚烧发电建设项目环境准入条件（试行）》（环办环评〔2018〕20 号），按照国家或地方污染物排放（控制）标准、环境监测技术规范以及《国家重点监控企业自行监测及信息公开办法（试行）》等有关要求，制订企业自行监测方案及监测计划。每台生活垃圾焚烧炉必须单独设置烟气净化系统、安装烟气在线监测装置，按照《污染源自动监控管理办法》等规定执行，并提出定期比对监测和校准的要求。建立覆盖常规污染物、特征污染物的环境监测体系，实现烟气中一氧化碳、颗粒物、二氧化硫、氮氧化物、氯化氢和焚烧运行工况指标中炉内一氧化碳浓度、燃烧温度、含氧量在线监测，并与生态环境部门联网。垃圾库负压纳入分散控制系统（DCS）监控，鼓励开展在线监测。

对活性炭、脱酸剂、脱硝剂喷入量、焚烧飞灰固化/稳定化螯合剂等烟气净化用消耗性物资、材料应当实施计量并记入台账。

落实环境空气、土壤、地下水等环境质量监测内容，并关注土壤中二噁英及重金属累积环境影响。

79. 什么是"装、树、联"？

2017 年环境保护部印发《关于生活垃圾焚烧厂安装污染物排放自动监控设备和联网有关事项的通知》，组织全国垃圾焚烧企业全面开展"装、树、联"三项任务，即依法依规安装污染物排放自动监测设备、厂区门口树立电子显示屏实时公布污染物排放和焚烧炉运行数据、自动监测设备与生态环境部门联网。截至2020年年底，共有494家垃圾焚烧厂1 179台焚烧炉的自动监测数据联网并向社会公开。

80. 生活垃圾焚烧厂在线监测数据公开有哪些法规要求？

根据《生活垃圾焚烧发电建设项目环境准入条件（试行）》（环办环评〔2018〕20号），针对项目建设的不同阶段，制订完整、细致的环境信息公开和公众参与方案，明确参与方式、时间节点等具体要求。提出通过在厂区周边显著位置设置电子显示屏等方式公开企业在线监测环境信息和烟气停留时间、烟气出口温度等信息，通过企业网站等途径公开企业自行监测环境信息的公开要求。建立与周边公众良好互动和定期沟通的机制与平台，畅通日常交流渠道。

81. 生活垃圾焚烧产生的烟气处理应满足哪些标准规范？

根据《生活垃圾焚烧污染控制标准》（GB 18485—2014）的规定，每台生活垃圾焚烧炉必须单独设置烟气净化系统并安装烟气在线监测装置，处理后的烟气应满足《生活垃圾焚烧污染控制标准》（GB 18485—2014）污染物排放限值。

82. 生活垃圾焚烧企业的烟囱高度有哪些标准规范？

根据《生活垃圾焚烧污染控制标准》（GB 18485—2014）的规定，当焚烧处理能力＜300吨/日时，烟囱最低允许高度为45米；当焚烧处理能力＞300吨/日时，烟囱最低允许高度为60米；在同一厂区内如同时有多台焚烧炉，则以各焚烧炉焚烧处理能力总和作为评判依据。

具体高度应根据环境影响评价结论确定。如果在烟囱周围200米半径距离内存在建筑物时，烟囱高度应至少高出这一区域内最高建筑物3米。

83. 生活垃圾焚烧企业运营的数据记录有哪些要求?

根据《生活垃圾综合处理与资源利用技术要求》(GB/T 25180—2010)的规定,生活垃圾焚烧厂运行期间,应建立运行情况记录制度,如实记载运行管理情况,至少应包括废物接收情况、入炉情况、设施运行参数以及环境监测数据等。运行情况记录簿应按照国家有关档案管理的法律法规进行整理和保管。

84. 生活垃圾焚烧产生的炉渣处理需要满足哪些规范要求?

根据《生活垃圾焚烧污染控制标准》(GB 18485—2014)的规定,焚烧后的炉渣按一般固体废物处理。垃圾焚烧产生的炉渣经过高温无害化处理,再经过磁选等分离出废钢铁等废旧金属后,对炉渣进行综合利用,可用作铺路的垫层、填埋场覆盖层的材料和制作免烧砖等,炉渣综合利用率可达 98%。

85. 生活垃圾焚烧飞灰处置需要满足哪些规范要求?

生活垃圾焚烧飞灰含有二噁英和重金属等有毒有害物质,根据《国家危险废物名录(2021 年版)》,生活垃圾焚烧飞灰是危险废物,废物类别为 HW18 焚烧处置残渣,废物代码为 772-002-18,危险特性为毒性。

根据《生活垃圾焚烧污染控制标准》(GB 18485—2014)的规定,生活垃圾焚烧飞灰应按危险废物进行管理,进入生活垃圾填埋场和危险废物填埋场,分别应满足《生活垃圾填埋场污染物控制标准》(GB 16889—2008)和《危险废物填埋污染控制标准》(GB 18598—2019)的规定;如进入水泥窑处置,应满足《水泥窑协同处置固体废物污染控制标准》(GB 30485)的要求。

86. 生活垃圾焚烧飞灰的运输有哪些规范要求?

生活垃圾焚烧飞灰是危险废物,运输应满足《危险废物收集、贮存、运输技术规范》(HJ 2025—2012)的规定。从事危险废物的收集、贮存、运输经营活动的单位应具有危险废物经营许可证。危险废物转移过程应按《危险废物转移联单管理办法》执行。

87. 生活垃圾焚烧飞灰进入生活垃圾填埋场有哪些规范要求?

根据《生活垃圾填埋场污染控制标准》（GB 16889—2008）的规定，生活垃圾焚烧飞灰经处理满足下列条件，可以进入生活垃圾填埋场填埋处置:

——含水率小于30%;

——二噁英含量低于 3 μgTEQ/kg;

——按照《固体废物 浸出毒性浸出方法 醋酸缓冲溶液法》（HJ/T 300）制备的浸出液中危害成分浓度低于《生活垃圾填埋场污染控制标准》（GB 16889—2008）规定的限值。

根据《国家危险废物名录（2021年版）》，满足《生活垃圾填埋场污染控制标准》相关要求进入生活垃圾填埋场填埋，填埋处置过程不按照危险废物管理。

88. 餐厨垃圾的处理应符合哪些标准要求?

餐厨垃圾收集和处理工程的设计、施工及验收应符合《餐厨垃圾处理技术规范》（CJJ 184—2012）等标准的规定。

89. 我国有哪些生活垃圾焚烧污染物的控制标准?

为贯彻《中华人民共和国环境保护法》《中华人民共和国固体废物污染环境防治法》《中华人民共和国大气污染防治法》《中华人民共和国水污染防治法》等法律，保护环境、防治污染，促进生活垃圾焚烧技术的进步，我国制定了《生活垃圾焚烧污染控制标准》（GB 18485—2014）。

　　该标准规定了生活垃圾焚烧厂的选址要求、工艺要求、入炉废物要求、运行要求、排放控制要求、检测要求、实施与监督等内容。

【本章作者：刘刚】

第五章

关于建筑垃圾

90. 什么是建筑垃圾？

根据《中华人民共和国固体废物污染环境防治法释义》[①]，建筑垃圾是指工程渣土、工程泥浆、工程垃圾、拆除垃圾和装修垃圾等的总称。包括新建、扩建、改建和拆除各类建筑物、构筑物、管网等以及居民装饰装修房屋过程中所产生的弃土、弃料及其他废弃物，不包括经检验、鉴定为危险废物的建筑垃圾。

91. 什么是绿色建筑？

根据《绿色建筑评价标准》（GB/T 50378—2019），绿色建筑是指在全寿命期内，节约资源、保护环境、减少污染，为人们提供健康、适用、高效的使用空间，最大限度地实现人与自然和谐共生的高质量建筑。绿色建筑评价应结合建筑所在地域的气候、环境、资源、经济和文化等特点，对建筑全寿命期内的安全耐久、健康舒适、生活便利、资源节约、环境宜居等性能进行综合评价。

绿色建筑：深圳市蛇口邮轮中心项目

---

① 袁杰，黄祎，别涛，等. 中华人民共和国固体废物污染环境防治法释义[M]. 北京：中国民主法制出版社，2020：157.

92. 什么是绿色建材?

根据《绿色建筑评价标准》（GB/T 50378—2019），绿色建材是指在全寿命期内可减少对资源的消耗、减轻对生态环境的影响，具有节能、减排、安全、健康、便利和可循环特征的建筑产品。

93. 什么是装配式建筑?

根据《装配式建筑评价标准》（GB/T 51129—2017），装配式建筑是指由预制部品部件在工地装配而成的建筑。装配式建筑评价应符合设计阶段宜进行预评价，并应按设计文件计算装配率；项目评价应在项目竣工验收后进行，并应按竣工验收资料计算装配率和确定评价等级的规定。装配式建筑应同时满足主体结构部分的评价分值不低于 20 分；围护墙和内隔墙部分的评价分值不低于 10 分；采用全装修；装配率不低于 50%的要求。此外，装配式建筑宜采用装配化装修。

深圳市长圳公租房项目　　　　　　　　　徐州市某施工现场

94. 什么是建筑垃圾资源化利用率?

根据《关于印发〈"十四五"时期"无废城市"建设工作方案〉的通知》（环固体〔2021〕114 号），建筑垃圾资源化利用率是指建筑垃圾资源化利用量占建筑垃圾产生量的比值。根据《建筑垃圾处理技术标准》（CJJ/T 134—2019），建筑垃圾资源化利用包括土类建筑垃圾用作制砖和道路工程等用原料，废旧混凝土、碎砖瓦等作为再生建筑用原料，废沥青作为再生沥青原料，废金属、木材、塑料、纸张、玻璃、橡胶等作为原料直接或再生利用。

95. 各类建筑垃圾利用处置情况如何？

根据《中华人民共和国固体废物污染环境防治法释义》[①]，工程渣土（弃土）和工程泥浆约占建筑垃圾总量的 75%，这两类建筑垃圾可用于土方平衡和回填，在工程建设领域需求量大，但由于产生与利用在时空上不完全匹配，不能就地就近利用，需要消纳场所暂存或长期堆放，近年来很多地方因势利导，用于堆山造景、土地整理；拆除垃圾约占建筑垃圾总量的 20%，成分主要是砖石、混凝土和少量钢筋、木材等物料，可在施工现场就地利用或分选拆解后再生利用；工程垃圾、装修垃圾占建筑垃圾总量的比例不足 5%，但成分复杂，有的具有一定的污染性，主要采用填埋方式处理，有的混入生活垃圾处理系统。

绍兴市城投再生资源有限公司泥浆利用处置基地

---

① 袁杰，黄祎，别涛，等. 中华人民共和国固体废物污染环境防治法释义[M]. 北京：中国民主法制出版社，2020：157.

振动液化固结土制备及管网回填现场

再生砖生产线　　　　　　　节能环保型烧结自保温砌块生产线

96. 新《固废法》针对建筑垃圾有哪些管理要求?

（1）县级以上地方人民政府在建筑垃圾污染环境防治工作方面的职责，由第六十条规定：

第六十条　县级以上地方人民政府应当加强建筑垃圾污染环境的防治，建立建筑垃圾分类处理制度。

县级以上地方人民政府应当制定包括源头减量、分类处理、消纳设施和场所布局及建设等在内的建筑垃圾污染环境防治工作规划。

（2）县级以上地方人民政府在促进建筑垃圾利用工作方面的职责，由第六十一条规定：

第六十一条　国家鼓励采用先进技术、工艺、设备和管理措施，推进建筑垃圾源头减量，建立建筑垃圾回收利用体系。

县级以上地方人民政府应当推动建筑垃圾综合利用产品应用。

（3）县级以上地方人民政府环境卫生主管部门在建筑垃圾污染环境防治工作方面的职责，由第六十二条规定：

第六十二条　县级以上地方人民政府环境卫生主管部门负责建筑垃圾污染环境防治工作，建立建筑垃圾全过程管理制度，规范建筑垃圾产生、收集、贮存、运输、利用、处置行为，推进综合利用，加强建筑垃圾处置设施、场所建设，保障处置安全，防止污染环境。

（4）工程施工单位在建筑垃圾污染环境防治工作方面的职责，由第六十三条规定：

第六十三条　工程施工单位应当编制建筑垃圾处理方案，采取污染防治措施，并报县级以上地方人民政府环境卫生主管部门备案。

工程施工单位应当及时清运工程施工过程中产生的建筑垃圾等固体废物，并按照环境卫生主管部门的规定进行利用或者处置。

工程施工单位不得擅自倾倒、抛撒或者堆放工程施工过程中产生的建筑垃圾。

（5）法律责任方面，由第一百一十一条规定：

第一百一十一条　违反本法规定，有下列行为之一，由县级以上地方人民政府环境卫生主管部门责令改正，处以罚款，没收违法所得：

工程施工单位未编制建筑垃圾处理方案报备案，或者未及时清运施工过程中产生的固体废物的。

工程施工单位擅自倾倒、抛撒或者堆放工程施工过程中产生的建筑垃圾，或者未按照规定对施工过程中产生的固体废物进行利用或者处置的。

97. 在建筑垃圾资源化利用方面部门职责分工是怎样的?

根据中央机构编制委员会办公室《关于建筑垃圾资源化再利用部门职责分工的通知》(中央编办发〔2010〕106 号),住房城乡建设部为建筑垃圾资源化再利用的主管部门,牵头会同有关部门制定建筑垃圾资源化再利用的整体规划和政策措施,综合协调建筑垃圾资源化再利用工作;制定建筑垃圾集中回收处置的政策措施并监督实施;组织协调建筑垃圾资源化再利用技术创新和示范工程。国家发展和改革委员会负责将建筑垃圾资源化再利用规划纳入循环经济、资源综合利用规划,研究促进建筑垃圾资源化再利用的政策措施,确保政策之间的衔接平衡;安排建筑垃圾资源化再利用重大项目。工业和信息化部负责制定利用建筑垃圾生产建材的政策、标准和产业专项规划,组织开展建筑垃圾资源化再利用技术及装备研发,参与制定产业扶持政策。环境保护部(现生态环境部)负责制定建筑垃圾污染防治政策、标准和技术规范,对建筑垃圾资源化再利用过程中的环境污染实施监督管理。科技、财政、税务等部门根据各自职责,在科技研发、资金支持和税收政策等方面,积极做好相关工作。

98. 在建筑垃圾源头减量方面出台了哪些管理措施?

2020 年,住房城乡建设部印发《关于推进建筑垃圾减量化的指导意见》(建质〔2020〕46 号)、《施工现场建筑垃圾减量化指导手册(试行)》(建办质〔2020〕20 号)、《施工现场建筑垃圾减量化指导图册》(建办质函〔2020〕505 号),建立健全建筑垃圾减量化工作机制,明确了建筑垃圾减量化的总体要求、主要目标和具体措施,建立健全建筑垃圾减量化工作机制,推动工程建设生产组织模式转变,从源头上预防和减少工程建设过程中建筑垃圾的产生。2020 年以来,山东省、甘肃省、黑龙江省、江苏省、安徽省、青海省和重庆市等地均出台建筑垃圾减量化工作方案,指导做好建筑垃圾减量化工作。采用绿色建筑及装配式建筑,是建筑垃圾源头减量的重要手段。

99. 在建筑垃圾资源化利用方面出台了哪些管理措施?

2020 年 9 月,工业和信息化部发布《建筑垃圾资源化利用行业规范公告管理办法(修订征求意见稿)》,对申请公告的建筑垃圾资源化利用企业明确了要求,并提出组织推广先进适用的节能减排新技术、新工艺及新设备。为引导建筑垃圾再生产品应用,住房城乡建设部发布实施《建筑垃圾处理技术规范》(CJJ/T 134—2019)等一系列标准规范,对促进建筑垃圾回收和资源化利用起到了积极作用。

2015 年以来,许昌市出台《许昌市建筑垃圾管理及资源化利用实施细则》(许政〔2015〕78 号)和《关于提升建筑垃圾管理和资源化利用水平的实施意见》(许政办〔2017〕66 号),为建筑垃圾的资源化利用提供制度保障;编制《2015 年许昌市建筑垃圾资源化利用专项规划文本》等多项规划,进一步把建筑垃圾管理和资源化利用纳入整体城市规划和发展布局中来;发布实施许昌市首部地方标准《建筑垃圾再生集料道路基层应用技术规范》(DB 4110/T 6—2020),该规范不但为建筑固体废物产品在城市道路建设中提供了设计、施工和验收依据,而且首次提出将建筑垃圾再生集料应用于城市道路的基层铺设,为其推广应用提供了技术支撑和标准依据。深圳市先后颁布《深圳市建筑废弃物再生产品应用工程技术规程》(SJG 37—2017)、《建设工程建筑废弃物减排与综合利用技术标准》(SJG 63—2019)等一系列地方技术标准规范,积极打通再生产品市场化应用壁垒。北京市明确 12 种建筑垃圾再生产品的质量标准,并在 32 个大型市政投资项目中率先使用。2019 年以来,重庆市出台《关于主城区城市建筑垃圾再生产品推广应用试点工作的指导意见》(渝建〔2019〕434 号),印发《建筑垃圾处置与资源化利用技术标准》(渝建发〔2019〕19 号)、《重庆市建筑垃圾再生产品应用指南(暂行)》等,28 个房屋建筑项目、20 个市政基础设施建设项目建筑垃圾再生产品替代量超过 30%。

100. 在建筑垃圾全过程管理方面出台了哪些管理措施？

地方政府根据建筑垃圾产生量，合理确定建筑垃圾转运调配、填埋处理、资源化利用设施布局和规模。2020 年，北京市印发《北京市建筑垃圾处置管理规定》（北京市人民政府令〔2020〕293 号），构建统筹规划、属地负责，政府主导、社会主责，分类处置、全程监管的管理体系。2020 年，深圳市出台《深圳市建筑废弃物管理办法》（深圳市人民政府令　第 330 号），确立了建筑废弃物排放核准、运输备案、消纳备案、电子联单管理和信用管理、综合利用产品认定、综合利用激励等制度，实现建筑废弃物处置全过程监管。2018 年，天津市印发《天津市建筑垃圾管理规定》（津建发〔2018〕4 号），提出建筑垃圾分类堆放，综合利用，实现建筑垃圾产生、运输、处置、综合利用的全过程闭环监管。

101. 《"十四五"时期"无废城市"建设工作方案》中针对建筑垃圾管理与利用需要如何开展工作？

2021 年 12 月 15 日，生态环境部办公厅印发了《"十四五"时期"无废城市"建设工作方案》（环固体〔2021〕114 号），其指出了建筑垃圾管理和利用工作方向。主要任务有科学编制实施方案，强化顶层设计引领。将建筑垃圾等固体废物分类收集及无害化处置设施纳入环境基础设施和公共设施范围，保障设施用地和资金投入。构建集建筑垃圾处理处置设施和监测监管能力于一体的环境基础设施体系，形成由城市向建制镇和乡村延伸覆盖的环境基础设施网络。加强全过程管理，推进建筑垃圾综合利用。大力发展节能低碳建筑，全面推广绿色低碳建材，推动建筑材料循环利用。落实建设单位建筑垃圾减量化的主体责任，将建筑垃圾减量化措施费用纳入工程概算。以保障性住房、政策投资或以政府投资为主的公建项目为重点，大力发展装配式建筑，有序提高绿色建筑占新建建筑的比例。推行全装修交付，减少施工现场建筑垃圾产生。各地制定完善施工现场建筑垃圾分类、收集、统计、处置和再生利用等相关标准。鼓励建筑垃圾再生骨料及制品在建筑工程和道路工程中应用。推动在土方平衡、林业用土、环境治理、烧结制品及回填等领域大量利用经处理后的建筑垃圾。开展存量建筑垃圾治理，对堆放量较大、较集中的堆放点，经治理、评估后达到安全稳定要求，进行生态修复。

《"无废城市"建设指标体系（2021年版）》中涉及建筑垃圾的指标共有3项，其中源头减量方面有2项，分别为绿色建筑占新建建筑的比例（必选指标）、装配式建筑占新建建筑的比例（可选指标）；资源化利用方面有1项，为建筑垃圾资源化利用率（必选指标）。绿色建筑占新建建筑的比例指标解释：指当年城市新建建筑中绿色建筑面积占比。绿色建筑是指达到《绿色建筑评价标准》（GB/T 50378—2019）或省市级相关标准的建筑。该指标用于促进城市建筑垃圾源头减量，提高建筑节能水平。计算方法：

绿色建筑占新建建筑的比例（%）=新建绿色建筑面积总和÷全市新建建筑面积总和×100%

数据来源：市住建局。

装配式建筑占新建建筑的比例指标解释：指当年城市新建建筑中装配式建筑面积占比。装配式建筑是指用预制部品部件在工地装配而成的建筑。该指标用于促进装配式建筑应用，推动城市建筑垃圾源头减量。计算方法：

装配式建筑占新建建筑的比例（%）=新建装配式建筑面积÷全市新建建筑面积总和×100%

数据来源：市住建局。

建筑垃圾资源化利用率指标解释：指该城市建筑垃圾资源化利用量占建筑垃圾产生量的比值。根据《建筑垃圾处理技术标准》（CJJ/T 134—2019），建筑垃圾资源化利用包括土类建筑垃圾用作制砖和道路工程等用原料，废旧混凝土、碎砖瓦等作为再生建材用原料，废沥青作为再生沥青原料，废金属、木材、塑料、纸张、玻璃、橡胶等作为原料直接或再生利用。该指标用于促进建筑垃圾资源化利用，减少资源、能源和其他建筑材料的开采和生产过程产生的碳排放。计算方法：

建筑垃圾资源化利用率=建筑垃圾资源化利用量÷建筑垃圾产生量（估算）

×100%

数据来源：市住建局、市城市管理局、市绿化市容局。

102. 市政建筑垃圾资源化利用工艺是怎样的？

市政建筑是指由政府出资建造的公共建筑，一般指规划区内的各种行政建筑、服务民众的建筑等，包括政府建筑、公共娱乐设施、城市交通设施、教育科研文化机构建筑、医疗卫生机构建筑等。

在传统市政建筑垃圾资源化利用工艺中，主要运用现场分选、除杂、破碎、筛分等工序完成利用。现场分选主要指在市政建筑施工现场根据废弃材料功能进行筛选，并对部分可在现场粉碎的废弃建筑垃圾继续粉碎。除杂工艺在垃圾资源化利用中主要为筛选废弃建筑细料，从中筛选出塑料、木块等大型轻物料进行破碎处理。破碎工艺主要运用重型筛分机完成粉碎，并在运输装置作用下将破碎后的物料运至回料筛，此时若存在超出筛网规格的废弃物料，将会再次破碎，直至符合筛分标准，但受到传统工艺技术限制及设备性能限制，废弃市政建筑垃圾经此处理后较为粗糙，含泥量降低，若将其配制成混凝土，则会造成混凝土和易性降低。筛分工艺主要将完成破碎后的骨料运至筛分机完成筛分处理，此时通常运用三层履带式筛网完成，可筛选出不同规格要求的市政建筑垃圾再生骨料，可通过调整筛网规格控制骨料力度，以此保障其满足不同骨料要求。经过多重垃圾资源化利用技术后，则需根据不同市政建筑垃圾性质特点展开处理，继而保障废弃建筑材料再次发挥出价值。

工艺流程优化。在传统市政建筑垃圾资源化利用工艺基础上进行流程优化时，可采取多级筛分技术，首先，对大块建筑进行初步加工，并根据市政建筑废弃材料进行分类处理，根据废弃建材再次利用方向分为砖材料初级骨料与混凝土材料初级骨料，经过粉碎处理后运用磁选技术筛分出钢筋，经过合理筛分后确保废弃建筑材料应用得当。其次，在原有工艺流程中增加除尘环节，市政建筑施工现场环境下，建筑材料表面覆盖严重粉尘，此外废弃市政建筑材料强度不足且易破碎，易在自然环境下产生粉尘，因此为保障市政建筑垃圾粉碎效果，应运用除尘技术将粉尘去除，避免在资源化利用过程中造成二次污染。在除尘环节中，可运用微喷淋系统、除尘吸附系统等装置降低废弃市政建筑材料表面扬尘。最后，应在传统工艺基础上运用"微损整形"骨料处理技术，在破碎骨料处理过程中添加改性环氧树脂、硅酸钠等物质，起到填充骨料裂缝的作用，经过"微损整形"骨料处理后，骨料结构稳定性得以保障，且更为圆润干净，相较于传统破碎工艺而言，骨料性能更为优良，此外在骨料"微损整形"中添加水性聚氨酯凝胶材料，凭借遇水乳化特性与聚合反应，起到膨胀止水作用，并降低市政建筑垃圾资源化利用技术污染性。

设备装置改进。首先，应围绕进料系统合理配置，综合除尘喷淋、垃圾装卸、振动给料等工艺实现一体化统筹，进一步保障市政建筑垃圾处理质量，确保处理流畅的同时，更便于市政建筑材料装卸工作。其次，需根据不同市政建筑垃圾处理需求进行破碎系统优化，可增设不同功能方向破碎设备，便于骨料分级处理，与此同时，可在破碎系统中增设微喷淋系统、除尘吸附系统等除尘设备，降低破碎过程中的扬尘颗粒。最后，应在骨料筛分设备、磁选设备共同应用下构建筛分系统，可添加筛选分离设备，将混凝土材料、金属材料、砖材料进行区分，此外需在整形设备应用下完善市政建筑垃圾资源化利用系统，在骨料整形设备辅助下，废弃建筑材料的再利用质量将极大提高。

【本章作者：桑宇】

第六章

关于农业固体废物

103. 什么是农业固体废物?

农业固体废物是指养殖业、种植业生产过程中所产生的动物粪便、病死畜禽、作物残渣、农业化学药品（农药、化肥、农膜等）残余及其包装物的总称。

104. 什么是农用薄膜?

农用薄膜是指用于农作物栽培的，具有透光性和保温性特点的塑料薄膜。可提高温度和湿度，防止霜冻或暴雨的机械损伤，促使作物提前萌发，并提高农产品产量和质量。包括棚膜和地膜两大类。

105. 对生产、销售、使用国家明令禁止或不符合强制性国家标准的农用薄膜行为的规定有哪些?

根据《农用薄膜管理办法》第 6 条的规定，禁止生产、销售、使用国家明令禁止或者不符合强制性国家标准的农用薄膜。第 23 条规定，生产、销售农用薄膜不符合强制性国家标准的，依照《中华人民共和国产品质量法》等法律、行政法规的规定查处，依法依规记入信用记录并予以公示。政府招标采购的农用薄膜应当符合强制性国家标准，依法限制失信企业参与政府招标采购。

106. 农用薄膜回收有哪些管理要求?

根据《农用薄膜管理办法》，县级以上人民政府农业农村主管部门负责农用薄膜的回收监督管理工作，指导农用薄膜回收利用体系建设；县级以上生态环境主管部门负责农用薄膜回收、再利用过程环境污染防治的监督管理工作。

农用薄膜回收实行政府扶持、多方参与的原则，各地要采取措施，鼓励、支持单位和个人回收农用薄膜。农用薄膜使用者应当在使用期限到期前捡拾田间的非全生物降解农用薄膜废弃物，交至回收网点或回收工作者，不得随意弃置、掩埋或者焚烧。农用薄膜生产者、销售者、回收网点、废旧农用薄膜回收再利用企业或其他组织等应当开展合作，采取多种方式，建立健全农用薄膜回收利用体系，推动废旧农用薄膜回收、处理和再利用。农用薄膜回收网点和回收再利用企业应当依法建立回收台账，如实记录废旧农用薄膜的重量、体积、杂质、缴膜人名称及其联系方式、回收时间等内容。回收台账应当至少保存两年。鼓励研发、推广农用薄膜回收技术与机械，开展废旧农用薄膜再利用。支持废旧农用薄膜再利用企业按照规定享受用地、用电、用水、信贷、税收等优惠政策，扶持从事废旧农用薄膜再利用的社会化服务组织和企业。农用薄膜回收再利用企业应当依法做好回收再利用厂区和周边环境的环境保护工作，避免二次污染。

农用薄膜生产者、销售者、使用者未按照规定回收农用薄膜的，依照《中华人民共和国土壤污染防治法》第88条规定处罚。

107. 什么是农药包装废弃物？

农药包装废弃物是指农药使用后被废弃的与农药直接接触或含有农药残余物的包装物，包括瓶、罐、桶、袋等。

108. 农药包装废弃物如何回收？

根据《农药包装废弃物回收处理管理办法》，县级以上地方人民政府农业农村主管部门应当调查监测本行政区域内农药包装废弃物产生情况，指导建立农药包装废弃物回收体系，合理布设县、乡、村农药包装废弃物回收站（点），明确管理责任。

农药生产者、经营者应当按照"谁生产、经营，谁回收"的原则，履行相应的农药包装废弃物回收义务。农药生产者、经营者可以协商确定农药包装废弃物回收义务的具体履行方式。

农药经营者应当在其经营场所设立农药包装废弃物回收装置，不得拒收其销售农药的包装废弃物。

农药生产者、经营者应当采取有效措施，引导农药使用者及时交回农药包装废弃物。

农药使用者应当及时收集农药包装废弃物并交回农药经营者或农药包装废弃物回收站（点），不得随意丢弃。

农药使用者在使用过程中，配药时应当通过清洗等方式充分利用包装物中的农药，减少残留农药。

农药经营者和农药包装废弃物回收站（点）应当建立农药包装废弃物回收台账，记录农药包装废弃物的数量和去向信息。回收台账应当保存两年以上。

农药生产者应当改进农药包装，便于清洗和回收。

109. 农药包装废弃物如何处理？

根据《农药包装废弃物回收处理管理办法》，县级以上地方人民政府农业农村主管部门、生态环境主管部门指导资源化利用单位利用处置回收的农药包装废弃物。

农药经营者和农药包装废弃物回收站（点）应当加强相关设施设备、场所的管理和维护，对收集的农药包装废弃物进行妥善贮存，不得擅自倾倒、堆放、遗撒农药包装废弃物。

运输农药包装废弃物应当采取防止污染环境的措施，不得丢弃、遗撒农药包装废弃物，运输工具应当满足防雨、防渗漏、防遗撒要求。

国家鼓励和支持对农药包装废弃物进行资源化利用；资源化利用以外的，应当依法依规进行填埋、焚烧等无害化处置。

农药包装废弃物处理费用由相应的农药生产者和经营者承担；农药生产者、经营者不明确的，处理费用由所在地的县级人民政府财政列支。

鼓励地方有关部门加大资金投入，给予补贴、优惠措施等，支持农药包装废弃物回收、贮存、运输、处置和资源化利用活动。

110. 我国畜禽粪污资源化利用方式主要有哪几种?

我国畜禽粪污资源化利用主要为肥料化利用、能源化利用以及饲料化利用三种方式。2020 年 7 月,农业农村部办公厅、财政部办公厅印发《关于做好 2020 年畜禽粪污资源化利用工作的通知》,要求"坚持源头减量、过程控制、末端利用的治理路径,以畜禽粪污肥料化和能源化利用为方向,聚焦生猪规模养殖场,全面推进畜禽粪污资源化利用"。

111. 对扶持畜禽规模养殖及其污染防治和废弃物综合利用,有哪些激励措施?

根据《畜禽规模养殖污染防治条例》,各级政府对畜禽养殖污染防治和综合利用的科学技术研究、装备研发提供支持。

针对畜禽养殖活动特点,明确环境影响评价的重点内容,并对畜禽养殖场、养殖小区支出的建设项目环境影响咨询费用给予补助。

采取多种措施扶持规模化、标准化畜禽养殖,规定各级政府应当采取示范奖励等措施,支持畜禽养殖场、养殖小区进行标准化改造和污染防治设施建设与改造;将规模化畜禽养殖用地纳入土地利用总体规划,明确养殖用地按农用地管理;明确建设和改造畜禽养殖废弃物综合利用和污染防治配套设施的,可以申请环境保护等相关资金支持。

对制取沼气、天然气、发电、生产经营和购买使用有机肥产品等综合利用畜禽养殖废弃物的,给予相关税收、资金、运力、价格等方面的支持政策;对利用畜禽养殖废弃物发电的,还要求电网企业提供无歧视的电网接入服务,全额收购多余电量。

国家鼓励和支持对染疫畜禽、病死或者死因不明畜禽尸体进行集中无害化处理,并按照国家有关规定对处理费用、养殖损失给予适当补助。

对畜禽养殖场、养殖小区达标排放后自愿签订进一步减排协议的,给予奖励,并优先列入政府安排的环境保护和畜禽养殖发展相关资金扶持范围。

畜禽养殖场、养殖小区之外的养殖户自愿建设配套设施,采取措施减少污染物排放的,也可以享受有关激励扶持政策。

112. 我国秸秆综合利用方式主要有哪几种?

我国秸秆综合利用方式主要有肥料化、饲料化、基料化、燃料化和原料化等。2016年,国家发展和改革委员会会同农业部联合印发《关于编制"十三五"秸秆综合利用实施方案的指导意见的通知》,明确"十三五"秸秆综合利用发展目标、基本原则、主要任务、重点领域和保障措施。2021年7月,国家发展和改革委员会印发《"十四五"循环经济发展规划》,提出加强农作物秸秆综合利用,坚持农用优先,加大秸秆还田力度,发挥耕地保育功能,鼓励秸秆离田产业化利用,开发新材料新产品,提高秸秆饲料、燃料、原料等附加值。

113. 秸秆综合利用技术有哪些?

为指导各地示范推广先进适用的秸秆综合利用技术,推动秸秆综合利用高质量发展,农业农村部会同国家发展和改革委员会编制了《秸秆综合利用技术目录(2021)》。目录共涵盖30项秸秆综合利用技术,并对技术内涵与技术内容、技术特征、技术实施注意事项、适宜秸秆、可供参照的主要技术标准与规范等内容作出翔实解释。

其中,肥料化利用技术包括秸秆犁耕深翻还田技术、秸秆旋耕混埋还田技术、秸秆免耕覆盖还田技术、秸秆田间快速腐熟技术、秸秆生物反应堆技术、秸秆堆沤还田技术、秸秆炭基肥生产技术;饲料化利用技术包括秸秆青(黄)贮技术、秸秆碱化/氨化技术、秸秆压块饲料加工技术、秸秆揉搓丝化加工技术、秸秆挤压膨化技术、秸秆气爆技术;燃料化利用技术包括秸秆打捆直燃供暖(热)技术、秸秆固化成型技术、秸秆炭化技术、秸秆沼气技术、秸秆纤维素乙醇生产技术、秸秆热解气化等气化技术、秸秆直燃（混燃）发电技术、秸秆热电联产技术；基料化利用技术包括秸秆食用菌栽培技术、秸秆制备栽培基质与容器技术；原料化利用技术包括秸秆人造板材生产技术、秸秆复合材料生产技术、秸秆清洁制浆技术、秸秆编织网技术、秸秆聚乳酸生产技术、秸秆墙体技术、秸秆膜制备技术。

【本章作者：马嘉乐】

第七章

关于废弃电器电子产品、铅蓄电池

114. 什么是废弃电器电子产品？

废弃电器电子产品是指废弃的电子电器产品、电子电气设备及其废弃零部件、元器件和生态环境部（原国家环境保护总局）会同有关部门规定纳入电子废物管理的物品、物质。包括工业生产活动中产生的报废产品或者设备、报废的半成品和下脚料，产品或者设备维修、翻新、再制造过程产生的报废品，日常生活或者为日常生活提供服务的活动中废弃的产品或者设备，以及法律法规禁止生产或者进口的产品或者设备。

115. 申请废弃电器电子产品处理资格应当具备哪些条件？

企业处理列入《废弃电器电子产品处理目录》的产品应取得废弃电器电子产品处理资格证书。申请处理资格的企业应当依法成立，符合本地区废弃电器电子产品处理发展规划的要求，具有增值税一般纳税人企业法人资格，并具备下列条件：

（1）具备完善的废弃电器电子产品处理设施；

（2）具有与所处理的废弃电器电子产品相适应的分拣、包装及其他设备；

（3）具有健全的环境管理制度和措施；

（4）具有相关安全、质量和环境保护的专业技术人员。

处理未列入《废弃电器电子产品处理目录》的产品及其他电子废物，应当依据《电子废物污染环境防治管理办法》，申请列入电子废物拆解利用处置单位（包括个体工商户）名录（包括临时名录）。

116. 如何受理废弃电器电子产品处理资格申请？

设区的市级人民政府生态环境主管部门收到辖区内企业申请废弃电器电子产品处理资格的书面申请材料后，应当自受理申请之日起 3 个工作日内对申请的有关信息进行公示，征求公众意见；60 日内，对企业提交的材料进行审查，并组织进行现场核查。对符合条件的，颁发废弃电器电子产品处理资格证书，并予以公告；不符合条件的，书面通知申请企业并说明理由。

117. 什么是废弃电器电子产品处理基金?

废弃电器电子产品处理基金是国家为促进废弃电器电子产品回收处理而设立的政府性基金，补贴范围是《废弃电器电子产品处理目录（2014年版）》里的电视机、电冰箱（不包含非压缩式电冰箱及容积不超过50升的电冰箱）、洗衣机、空气调节器、微型计算机。其征收、使用、管理的具体办法由国务院财政部门会同国务院生态环境、资源综合利用、工业信息产业主管部门制定。电器电子产品生产者、进口电器电子产品的收货人或者其代理人应当按照规定履行废弃电器电子产品处理基金的缴纳义务。

118. 废弃电器电子产品处理基金使用范围与补贴标准是什么?

基金使用范围包括：

（1）废弃电器电子产品回收处理费用补贴。

（2）废弃电器电子产品回收处理和电器电子产品生产销售信息管理系统建设，以及相关信息采集发布支出。

（3）基金征收管理经费支出。

（4）经财政部批准与废弃电器电子产品回收处理相关的其他支出。

对处理企业按照实际完成拆解处理的废弃电器电子产品数量给予定额补贴。

表7-1 废弃电器电子产品处理基金补贴标准

序号	产品名称	品种	补贴标准/（元/台）	备注
1	电视机	14寸及以上且25寸以下阴极射线管（黑白、彩色）电视机	40	14寸以下阴极射线管（黑白、彩色）电视机不予补贴
		25寸及以上阴极射线管（黑白、彩色）电视机，等离子电视机、液晶电视机、OLED电视机、背投电视机	45	

序号	产品名称	品种	补贴标准/（元/台）	备注
2	微型计算机	台式微型计算机（含主机和显示器）、主机显示器一体形式的台式微型计算机、便携式微型计算机	45	平板电脑、掌上电脑补贴标准另行制定
3	洗衣机	单筒洗衣机、脱水机（3 公斤<干衣量≤10 公斤）	25	干衣量≤3 公斤的洗衣机不予补贴
		双桶洗衣机、波轮式全自动洗衣机、滚筒式全自动洗衣机（3 公斤<干衣量≤10 公斤）	30	
4	电冰箱	冷藏冷冻箱（柜）、冷冻箱（柜）、冷藏箱（柜）（50 升≤容积≤500 升）	55	容积<50 升电冰箱不予补贴
5	空气调节器	整体式空调器、分体式空调器、一拖多空调器（含室外机和室内机）（制冷量≤14 000 瓦）	100	

119. 废弃电器电子产品拆解处理企业有哪些责任与义务?

处理企业是废弃电器电子产品拆解处理活动和享受基金补贴的第一责任人，对废弃电器电子产品拆解处理的规范性和基金补贴申报的真实性、准确性承担责任。处理企业拆解处理废弃电器电子产品应当符合国家有关资源综合利用、生态环境保护的要求和相关技术规范，并按照《废弃电器电子产品拆解处理情况审核工作指南》提出的审核要求和所在地省级生态环境主管部门的有关规定，如实申报废弃电器电子产品规范处理情况。处理企业篡改、伪造材料或者提供虚假材料的，按照涉嫌骗取基金补贴行为调查处理。

处理企业依照《废弃电器电子产品处理污染控制技术规范》，落实电子废物收集、运输、贮存、拆解和处理等过程中污染防治和环境保护的技术要求。在拆解过程中，严格管控污染源排放，如废电视机（CRT、液晶）的荧光粉收集和荧光管拆解环节必须在负压条件下进行，尾气需经除尘设施处理后达标排放；废冰箱和空气调节器的氟利昂需通过专业冷媒回收设备进行有效收集等。拆解产物按照规定分类贮存，尤其是锥玻璃、电路板、荧光粉、废矿物油等危险废物，必须按相关要求进行收集、贮存、运输，并交由资质单位进行处理。

120. 什么是生产者责任延伸制度？

生产者责任延伸制度是指将生产者对其产品承担的资源环境责任从生产环节延伸到产品设计、流通消费、回收利用、废物处置等全生命周期的制度。

121. 什么是铅蓄电池与废铅蓄电池？

铅蓄电池是指电极主要由铅及其氧化物制成，电解质是硫酸溶液或胶体物质的一种蓄电池。废铅蓄电池是指在生产、生活和其他活动中产生的丧失原有利用价值或者虽未丧失利用价值但被抛弃或者放弃的铅蓄电池，不包括在保质期内返厂故障检测、维修翻新的铅蓄电池。

122. 废铅蓄电池管理有哪些技术要求？

2020 年新修订的《废铅蓄电池处理污染控制技术规范》主要内容包括以下五个方面。一是对废铅蓄电池的收集、运输和贮存等环节实行分级管理，针对环境风险相对较小的完整的废铅蓄电池，提出有条件豁免危险废物的环境管理要求。二是进一步加强废铅蓄电池污染防治，细化再生铅企业建设及清洁生产要求、污染控制要求、企业运行环境管理要求；为减少可能的污染源，新增"无再生铅能力的企业不得拆解废铅蓄电池"等要求。三是与排污许可制度等相关管理制度要求有效衔接，增加再生铅企业火法冶金工艺和湿法冶金工艺主要污染物排放监测要求，以及再生铅企业地下水环境监测要求。四是推动提升废铅蓄电池处理企业信息化管理水平，增加废铅蓄电池收集、贮存企业应建立废铅蓄电池收集处理数据信息管理系统，并将相关数据与全国固体废物管理信息系统进行对接。五是根据《电池性能国际测试标准》（IEC 61960）规定的命名和标示方法，将"废铅酸蓄电池"修改为"废铅蓄电池"。

【本章作者：王芳，顾芮冰】

第八章

关于过度包装物、塑料废弃物、污泥

123. 新《固废法》对过度包装、塑料污染治理作了哪些针对性规定?

关于过度包装治理。明确有关部门要加强产品生产和流通过程管理,避免过度包装。明确包装物的设计、制造应当遵守国家有关清洁生产的规定,要求组织制定有关标准防止过度包装造成环境污染。要求强调生产经营者应当遵守限制商品过度包装的强制性标准,避免过度包装。市场监督管理部门和有关部门应当加强对过度包装的监督管理。要求生产、销售、进口依法被列入强制回收目录的包装物的企业,应当按照规定对包装物进行回收。规定电子商务、快递、外卖等行业应当优先采用可重复使用、易回收利用的包装物,优化物品包装,减少包装物的使用,并积极回收利用包装物。商务、邮政等主管部门应当加强监督管理。明确国家鼓励和引导消费者使用绿色包装和减量包装。

关于塑料污染治理。明确国家依法禁止、限制生产、销售和使用不可降解塑料袋等一次性塑料制品。要求商品零售场所开办单位、电子商务平台企业和快递企业、外卖企业按照规定向商务、邮政等主管部门报告塑料袋等一次性塑料制品的使用、回收情况。规定国家鼓励和引导减少使用塑料袋等一次性塑料制品,推广应用可循环、易回收、可降解的替代产品。

此外,《固废法》还对旅游、住宿等行业按照规定推行不主动提供一次性用品和未遵守限制商品过度包装的强制性标准、禁止使用一次性塑料制品规定的处罚等作了规定。

124. 什么是包装废弃物?

包装废弃物是指失去或完成了预期的使用价值,成为固体废物的任何包装容器、材料或成分。

125. 什么是白色污染?

白色污染是指大量塑料袋、一次性塑料餐具、农用薄膜、包装用塑料制品等在使用后被抛弃在环境中,给景观和生态环境带来很大破坏。由于废塑料大多呈白色,因此造成的环境污染被称为白色污染。

126. 什么是污泥?

污泥是生活污水和工业废水处理过程中的产物,由固体杂质、悬浮物和胶体物质的浆状物组成,其实质就是污水中的固体部分。污泥的主要特性是含水率高,有机物含量高,容易腐化发臭,并且颗粒较细,比重较小。工业废水污泥含有有毒有害物质,如重金属、持久性有机污染物等。

127. 商品过度包装会带来哪些危害?

近年来,随着人民生活水平的提高和社会零售商品种类的丰富、商品内在质量不断提高的同时,包装水平也日益提升。然而,受传统文化和消费习惯的影响,消费者在选择商品特别是礼品时,比较注重商品的外在包装,部分企业为了迎合这种消费需求,赚取高额利润,在商品包装上大做文章,过度甚至奢华的包装逐渐出现并在礼品等一些商品包装上蔓延。从能源利用率来看,这导致损耗更多的能源和原材料,若不能及时有效地回收和处理,产生的包装废弃物会造成严重的环境污染。从经济效益来看,也会使消费者的利益受损,使用包装而引发的成本(如价格、包装的回收处理等)最终都由消费者承担。从市场秩序来看,还会破坏市场秩序,损害绿色发展社会风气。如果商品包装过度没有得到有效遏制,某些企业的经营重心从商品的质量转向包装,依靠包装吸引顾客、占领市场,这种手段会引起其他企业效仿,致使过度包装现象越来越严重,陷入恶性循环。

128. 针对限制商品过度包装，国家出台的标准有哪些？

2014 年，国家质量监督检验检疫总局、国家标准化管理委员会发布了《限制商品过度包装通则》，规定了限制商品过度包装的基本要求、设计结构要求、材质要求和成本要求等通用要求；针对特殊商品制定了限制过度包装的标准，如《月饼强制性国家标准》《限制商品过度包装要求　食品和化妆品》《限制商品过度包装要求　生鲜食用农产品》等。

129. 国家目前禁止生产和销售的塑料制品有哪些？

目前，国家禁止生产和销售厚度小于 0.025 毫米的超薄塑料购物袋、厚度小于 0.01 毫米的聚乙烯农用地膜。禁止以医疗废物为原料制造塑料制品。禁止生产和销售一次性发泡塑料餐具、一次性塑料棉签；禁止生产含塑料微珠的日化产品。

130. 市政污水处理厂的污泥能直接做肥料吗？

市政污水处理厂的污泥必须经过安全处理，并且保证处理后的污泥符合国家有关标准方可用于肥料。

【本章作者：兰孝峰】

第九章

危险废物产生和转移管理

131. 什么是危险废物？

《固废法》规定，危险废物是指列入国家危险废物名录或者根据国家规定的危险废物鉴别标准和鉴别方法认定的具有危险特性的固体废物。相关标准、环评文件等认定某种固体废物为危险废物的，不满足《固废法》要求，不具有法律效力。

1998 年，国家出台了第一版《国家危险废物名录》（以下简称《名录》），并于 2008 年、2016 年、2020 年进行了 3 次修订，基本实现了动态调整。《名录》（2020 版）将危险废物调整为 46 大类别 467 种，主要明确了危险废物的类别、行业来源、代码、名称及危险特性等信息。国家出台了危险废物鉴别的标准、技术规范，明确了危险废物鉴别的程序、混合判定规则、利用处置产物判定规则、有害物质限值、检测技术要求等，以此来确定未列入《名录》固体废物的属性。2021 年 9 月，生态环境部印发《关于加强危险废物鉴别工作的通知》（环办固体函〔2021〕419 号），明确了危险废物鉴别委托单位和鉴别单位的职责、危险废物鉴别单位管理要求、应开展危险废物鉴别的固体废物范围，规范了危险废物鉴别流程与鉴别结果应用。

132. 哪些固体废物需要开展危险废物鉴别？

《关于加强危险废物鉴别工作的通知》（环办固体函〔2021〕419 号）明确以下固体废物应开展危险废物鉴别：

（1）生产及其他活动中产生的可能具有对生态环境和人体健康造成有害影响的毒性、腐蚀性、易燃性、反应性或感染性等危险特性的固体废物。

（2）依据《建设项目危险废物环境影响评价指南》等文件有关规定，开展环境影响评价需要鉴别的可能具有危险特性的固体废物，以及建设项目建成投运后产生的需要鉴别的固体废物。

（3）生态环境主管部门在日常环境监管工作中认为有必要，且有检测数据或工艺描述等相关材料表明可能具有危险特性的固体废物。

（4）突发环境事件涉及的或历史遗留的等无法追溯责任主体的可能具有危险特性的固体废物。

（5）其他根据国家有关规定应进行鉴别的固体废物。

司法案件涉及的危险废物鉴别按照司法鉴定管理规定执行。

133. 哪些单位可以开展危险废物鉴别工作？

《关于加强危险废物鉴别工作的通知》（环办固体函〔2021〕419 号）明确鉴别单位应当满足以下要求：

（1）基本要求，包括能够依法独立承担法律责任，对危险废物鉴别报告的真实性、规范性和准确性负责。

（2）专业技术能力要求，包括配备一定数量全职专业技术人员，设置专业技术负责人等。

（3）检验检测能力要求，包括取得检验检测机构资质认定等资质等。

（4）组织与管理要求，包括具有完善的组织结构和管理制度，按要求编制鉴别方案和鉴别报告等。

（5）工作场所要求，包括具备固定的工作场所等。

（6）档案管理要求，包括健全档案管理制度、建立鉴别报告完整档案等。

134. 如何开展危险废物鉴别？

《关于加强危险废物鉴别工作的通知》（环办固体函〔2021〕419 号）明确了危险废物鉴别流程：

首先，鉴别委托方应于开展危险废物鉴别前在信息平台注册和公开拟开展危险废物鉴别情况，并在信息平台中选择危险废物鉴别单位。

其次，危险废物鉴别单位应严格依据国家危险废物名录以及国家规定的鉴别标准和鉴别方法开展危险废物鉴别；鉴别过程需要进行样品采集和危险特性检测工作的，危险废物鉴别单位应在开展鉴别工作前编制鉴别方案，并组织专家进行技术论证。

再次，鉴别委托方应于鉴别完成后将危险废物鉴别报告和其他相关资料上传到信息平台并向社会公开。

最后，危险废物鉴别报告在信息平台公开 10 个工作日且无异议的，或者按照省级危险废物鉴别专家委员会评估意见修改并在信息平台公开 10 个工作日且无异议的，或者按照最终评估意见修改并在信息平台再次公开的，鉴别结论作为固体废物环境管理的依据。

135. 产生危险废物的单位管理类别怎么划分？

《固废法》规定，国务院生态环境主管部门根据危险废物的危害特性和产生数量，科学评估其环境风险，实施分级分类管理。

《危险废物管理计划和管理台账制定技术导则》（HJ 1259—2022）规定，根据危险废物的产生数量和环境风险等因素，产生危险废物的单位的管理类别分为危险废物环境重点监管单位、危险废物简化管理单位和危险废物登记管理单位。

管理类别划分原则：

（1）危险废物环境重点监管单位。

具备下列条件之一的单位，纳入危险废物环境重点监管单位：

①同一生产经营场所危险废物年产生量 100 吨及以上的单位。

②具有危险废物自行利用处置设施的单位。

③持有危险废物经营许可证的单位。

（2）危险废物简化管理单位。

同一生产经营场所危险废物年产生量 10 吨及以上且未纳入危险废物环境重点监管单位的单位。

（3）危险废物登记管理单位。

同一生产经营场所危险废物年产生量 10 吨以下且未纳入危险废物环境重点

监管单位的单位。

设区的市级以上地方人民政府生态环境主管部门可以根据国家对危险废物分级分类管理的有关规定，结合本地区实际情况，确定产生危险废物的单位的管理类别。

危险废物年产生量按以下方法确定：投运满 3 年的，其危险废物年产生量按照近 3 年年最大量确定；投运满 1 年但不满 3 年的，危险废物年产生量按投运期间年最大量确定；未投运、投运不满 1 年或间歇产生危险废物周期大于 3 年的，按照环境影响评价文件、排污许可证副本等文件中较大的危险废物核算量确定。

136. 什么是危险废物管理计划、台账和申报制度？

《固废法》规定，产生危险废物的单位，应当按照国家有关规定制订危险废物管理计划；建立危险废物管理台账，如实记录有关信息，并通过国家危险废物信息管理系统向所在地生态环境主管部门申报危险废物的种类、产生量、流向、贮存、处置等有关资料。实施危险废物管理计划、台账和申报制度，可以实现危险废物从产生到处置全过程的跟踪，对防控危险废物环境风险具有重要作用。

《危险废物管理计划和管理台账制定技术导则》（HJ 1259—2022）规定了产生危险废物的单位制订危险废物管理计划和管理台账、申报危险废物有关资料的总体要求，危险废物管理计划制订要求，危险废物管理台账制定要求和危险废物申报要求。

为推进危险废物管理工作信息化，国家建立危险废物信息管理系统，方便危险废物产生单位快速有效申报危险废物相关数据，并可以高效开展数据统计分析和监督管理工作。将危险废物管理计划备案相关流程纳入国家危险废物管理信息系统，实现危险废物管理计划和危险废物申报登记、转移联单等流程相互校验，强化危险废物的环境管理和风险防控。

137. 危险废物管理计划制订单位和时限要求是什么？

同一法人单位或者其他组织所属但位于不同生产经营场所的单位，应当以每个生产经营场所为单位，分别制订危险废物管理计划，并通过国家危险废物信息管理系统向生产经营场所所在地生态环境主管部门备案。

产生危险废物的单位应当按年度制订危险废物管理计划，并应当于每年 3 月 31 日前通过国家危险废物信息管理系统在线填写并提交当年度的危险废物管理计划，由国家危险废物信息管理系统自动生成备案编号和回执，完成备案。危险废物管理计划备案内容需要调整的，产生危险废物的单位应当及时变更。

138. 不同管理类别的危险废物产生单位在危险废物管理计划和申报方面的管理要求是什么？

在管理计划方面，危险废物环境重点监管单位的管理计划制订内容应包括单位基本信息、设施信息、危险废物产生情况信息、危险废物贮存情况信息、危险废物自行利用/处置情况信息、危险废物减量化计划和措施、危险废物转移情况信息；危险废物简化管理单位的管理计划制订内容应包括单位基本信息、危险废物产生情况信息、危险废物贮存情况信息、危险废物减量化计划和措施、危险废物转移情况信息；危险废物登记管理单位的管理计划制订内容应包括单位基本信息、危险废物产生情况信息、危险废物转移情况信息。

在危险废物申报方面，危险废物环境重点监管单位应当按月度和年度申报危险废物有关资料，且于每月 15 日前和每年 3 月 31 日前分别完成上一月度和上一年度的申报；危险废物简化管理单位应当按季度和年度申报危险废物有关资料，且于每季度首月 15 日前和每年 3 月 31 日前分别完成上一季度和上一年度的申报；危险废物登记管理单位应当按年度申报危险废物有关资料，且于每年 3 月 31 日前完成上一年度的申报。

139. 危险废物贮存应满足哪些要求?

《固废法》规定，收集、贮存危险废物，应当按照危险废物特性分类进行；禁止混合收集、贮存、运输、处置性质不相容而未经安全性处置的危险废物；贮存危险废物应当采取符合国家环境保护标准的防护措施；禁止将危险废物混入非危险废物中贮存。

《危险废物贮存污染控制标准》（GB 18597—2023）规定了危险废物贮存污染控制的总体要求，贮存设施选址、建设与运行的污染控制要求，以及污染物排放、环境监测、环境应急、实施与监督等环境管理要求。

140. 危险废物贮存设施类型有哪些?

《危险废物贮存污染控制标准》（GB 18597—2023）规定，贮存设施为专门用于贮存危险废物的设施，具体类型包括贮存库、贮存场、贮存池和贮存罐区等。其中，贮存库是用于贮存一种或多种类别、形态危险废物的仓库式贮存设施；贮存场是用于贮存不易产生粉尘、挥发性有机物（VOCs）、酸雾、有毒有害大气污染物和刺激性气味气体的大宗危险废物的，具有顶棚（盖）的半开放式贮存设施；贮存池是用于贮存单一类别液态或半固态危险废物的，位于室内或具有顶棚（盖）的池体贮存设施；贮存罐区是用于贮存液态危险废物的，由一个或多个罐体及其相关的辅助设备和防护系统构成的固定式贮存设施。

141. 什么是贮存点，环境管理要求有哪些?

贮存点是《危险废物管理计划和管理台账制定技术导则》（HJ 1259—2022）规定的纳入危险废物登记管理单位的，用于同一生产经营场所专门贮存危险废物的场所；或产生危险废物的单位设置于生产线附近，用于暂时贮存以便于中转其产生的危险废物的场所。

贮存点环境管理要求：贮存点应具有固定的区域边界，并应采取与其他区域进行隔离的措施；贮存点应采取防风、防雨、防晒和防止危险废物流失、扬散等措施；贮存点贮存的危险废物应置于容器或包装物中，不应直接散堆；贮存点应根据危险废物的形态、物理化学性质、包装形式等，采取防渗、防漏等污染防治措施，或采用具有相应功能的装置；贮存点应及时清运贮存的危险废物，实时贮存量不应超过 3 吨。

142. 危险废物贮存设施的防渗要求是什么？

贮存设施地面与裙脚应采取表面防渗措施；表面防渗材料应与所接触的物料或污染物相容，可采用抗渗混凝土、高密度聚乙烯膜、钠基膨润土防水毯或其他防渗性能等效的材料。贮存的危险废物直接接触地面的，还应进行基础防渗，防渗层为至少 1 米厚黏土层（渗透系数不大于 10^{-7} 厘米/秒），或至少 2 毫米厚高密度聚乙烯膜等人工防渗材料（渗透系数不大于 10^{-10} 厘米/秒），或其他防渗性能等效的材料。

143. 如何正确设置危险废物标识标志？

《固废法》规定，对危险废物的容器和包装物以及收集、贮存、运输、利用、处置危险废物的设施、场所，应当按照规定设置危险废物识别标志。危险废物识别标志制度是指用文字、图像、色彩等综合形式，表明危险废物的危险特性，以便于识别和分类管制的制度。

《危险废物贮存污染控制标准》（GB 18597—2023）规定，贮存设施或场所、容器和包装物应按《危险废物识别标志设置技术规范》（HJ 1276—2022）要求设置危险废物贮存设施或场所标志、危险废物贮存分区标志和危险废物标签等危险废物识别标志。《危险废物识别标志设置技术规范》（HJ 1276—2022）规定了产生、收集、贮存、利用、处置危险废物单位需设置的危险废物识别标志的分类、内容要求、设置要求和制作方法。

144. 危险废物识别标志有哪些？

危险废物识别标志是由图形、数字和文字等元素组合而成的标志，用于向相关人群传递危险废物的有关规定和信息，以防止危险废物危害生态环境和人体健康。包括危险废物标签，危险废物贮存分区标志，危险废物贮存、利用、处置设施标志。

危险废物标签是设置在危险废物容器或包装物上，由文字、编码和图形符号等组合而成，用于向相关人群传递危险废物特定信息，以警示危险废物潜在环境危害的标志。

危险废物贮存分区标志是设置在危险废物贮存设施内部，用于显示危险废物贮存设施内贮存分区规划和危险废物贮存情况，以避免潜在环境危害的警告性信息标志。

危险废物贮存、利用、处置设施标志是设置在贮存、利用、处置危险废物的设施、场所，用于引起人们对危险废物贮存、利用、处置活动的注意，以避免潜在环境危害的警告性区域信息标志。

145. 危险废物转移应执行什么管理制度？

《固废法》规定，转移危险废物的，应当按照国家有关规定填写、运行危险废物电子或者纸质转移联单；跨省、自治区、直辖市转移危险废物的，应当向危险废物移出地省、自治区、直辖市人民政府生态环境主管部门申请；移出地省、自治区、直辖市人民政府生态环境主管部门应当及时商经接受地省、自治区、直辖市人民政府生态环境主管部门同意后，在规定期限内批准转移该危险废物；未经批准的，不得转移；危险废物转移管理应当全程管控、提高效率。危险废物转移管理制度对于监督危险废物的转移流向具有重要作用。

国家环保总局于 1999 年发布的《危险废物转移联单管理办法》明确了现行危险废物转移联单的运行方式，规范了危险废物转移活动。随着信息技术的发展和互联网的普及，通过全国危险废物信息管理系统，危险废物转移大量采取电子联单形式，显著提升了转移运行效率和监管工作成效。生态环境部印发的《关于提升危险废物环境监管能力、利用处置能力和环境风险防范能力的指导意见》提出全面运行危险废物转移电子联单；生态环境部办公厅印发的《关于加快推进全国固体废物管理信息系统联网运行工作的通知》要求，自 2020 年 1 月 1 日起原则上停止运行纸质危险废物转移联单。以后危险废物转移主要采取电子联单方式，只有在特殊情况下，不能运行电子联单时，才可以填写、运行纸质联单。2021 年 9 月，生态环境部部务会通过《危险废物转移管理办法》，并经公安部和交通运输部同意，于 2021 年 11 月公布，自 2022 年 1 月 1 日起施行。《危险废物转移管理办法》中，增加交通运输和公安部门职责，明确转移过程各相关责任；优化危险废物转移程序，减少行政干预，明确危险废物跨省转移审批时限，提高转移效率；明确危险废物转移电子联单的运行流程，全面推行电子联单，针对某些特殊情况的危险废物转移作出了专门规定。

146. 危险废物跨省转移的原则有哪些?

危险废物跨省转移应综合考虑环境风险可控原则、市场公平竞争原则和距离就近原则。

首先，根据《固废法》，危险废物的接受单位应当具有相应危险废物利用处置技术能力，遵守生态环境法律法规，符合固体废物污染环境防治技术标准，利用处置过程坚持减量化、资源化和无害化的原则，采取有效措施减少固体废物的产生量、促进综合利用、降低危害性，最大限度降低填埋量。

其次，根据《强化危险废物监管和利用处置能力改革实施方案》(国办函〔2021〕47 号）和《国务院关于在市场体系建设中建立公平竞争审查制度的意见》（国发〔2016〕34 号），应维护危险废物跨区域转移公平竞争市场秩序，不设置行政壁垒，保障资源配置依据市场规则、市场价格、市场竞争实现效益最大化和效率最优化。

最后，在满足区域内危险废物利用处置能力充足、环境风险可控、技术和价格水平合理的前提下，移出人应优先将危险废物转移给距离较近的接受人，以进一步降低环境风险和经济成本。

147. 如何理解危险废物就近转移？

《危险废物转移管理办法》第 3 条明确了就近原则的具体含义："危险废物转移应当遵循就近原则。跨省、自治区、直辖市转移（以下简称跨省转移）处置危险废物的，应当以转移至相邻或者开展区域合作的省、自治区、直辖市的危险废物处置设施，以及全国统筹布局的危险废物处置设施为主。"

危险废物转移的就近原则不是指无条件、"一刀切"地根据距离远近确定是否可以转移危险废物，不宜直接作为危险废物跨省转移审批的限制性条件。就近原则的执行需综合考虑环境风险是否可控、利用处置能力是否匹配、技术和价格是否合理等因素，并根据"减量化、资源化、无害化"原则，从利用和处置两个方面区别考虑：

在利用方面，危险废物转移以市场化为主，在满足国家、地方相关法律法规和环境保护标准的情况下，不对以利用为目的的危险废物转移设置限制性行政壁垒。

在处置方面，随着我国危险废物处置能力的提升，目前各地基本建立了满足本地实际需求的危险废物处置设施，危险废物处置可以基本实现主要以省级行政区域内的设施为主，在相邻或开展区域合作的省、自治区、直辖市之间开展跨省转移处置为辅，同时并不禁止在其他省、自治区、直辖市之间的转移处置；针对价值低、本地及就近区域处置能力不足的特殊危险废物，可在全国范围实行统筹处置，设施所在地生态环境部门不应对这些设施接受危险废物设置障碍。

148. 医疗废物转移需要填写、运行危险废物电子转移联单吗？

《医疗废物管理条例》规定，医疗卫生机构和医疗废物集中处置单位，应当按照《固废法》的规定，执行危险废物转移联单管理制度。

《固废法》规定，转移危险废物的，应当按照国家有关规定填写、运行危险废物电子或者纸质转移联单；危险废物转移管理应当全程管控、提高效率，具体办法由国务院生态环境主管部门会同国务院交通运输主管部门和公安部门制定。

《办法》规定，转移危险废物的，应当通过国家危险废物信息管理系统（以下简称信息系统）填写、运行危险废物电子转移联单。因此，医疗废物转移需要填写、运行危险废物电子转移联单。

149. 是否可以先填写、运行危险废物电子转移联单，然后再运输危险废物？或者先运输完危险废物，再补充填写、运行危险废物电子转移联单？

先填写、运行联单再运输危险废物或者先运输危险废物再补充填写、运行联单均不符合规定。移出人、承运人、接受人均负有如实填写、运行危险废物转移联单的责任，做到危险废物运输与转移联单运行同步发起、同步进行、同步办结；承运人还负有在联单中记录运输轨迹的责任，如果联单运行和危险废物实际运输未同步进行，危险废物转移联单将失去作用。因此先填写、运行联单再运输危险废物或者先运输危险废物再补充填写、运行联单均属于未按照国家有关规定填写、运行危险废物转移联单的情况。

150. 是否可以通过管道运输危险废物？

危险废物可以通过管道运输。根据《危险废物转移管理办法》第 19 条规定，采取管道方式运输危险废物的，移出人和接受人应当分别配备计量记录设备，将每天危险废物转移的种类、重量（数量）、形态和危险特性等信息纳入相关台账记录，并根据所在地设区的市级以上地方生态环境主管部门的要求填写、运行危险废物转移联单。信息系统针对管道运输设置了具体功能，可以满足管道转移危险废物的要求。

151. 危险废物跨省转移商请是否还需要邮寄移出省跨省转移商请函及企业跨省转移申请材料？

根据《危险废物转移管理办法》关于危险废物跨省转移审批的相关要求，各地无须再邮寄移出省跨省转移商请函及企业跨省转移申请材料。目前，信息系统已完成相关功能的开发，可以实现移出省和移入省之间的危险废物跨省转移商请函、企业跨省转移申请材料和跨省转移商请复函的线上交换，以提高危险废物跨省转移审批效率。

152. 危险废物跨省转移审批时限的具体要求是什么？

（1）受理时限为 5 个工作日。申请单位申请材料齐全、符合要求，移出地省级生态环境主管部门（以下简称移出地）应立即予以受理；申请材料不齐全、不符合要求，移出地应当场或者在 5 个工作日内一次告知申请人。

（2）移出地初步审核与批复时限 5 个工作日。移出地应当自受理申请之日起 5 个工作日内，提出初步审核意见。同意移出的，向接受地省级生态环境主管部门（以下简称接受地）发出跨省转移商请函；不同意移出的，书面答复移出人，并说明理由。

（3）商请时限 10 个工作日。接受地应当自移出地通过信息系统发出商请函之日起 10 个工作日内（接受地不论是否在信息系统中接受商请函均开始计算时限），出具是否同意接受的意见，并函复移出地；不同意接受的，应当说明理由。

（4）最终批准时限 5 个工作日。移出地应当自接受地通过信息系统复函之日起 5 个工作日内（移出地不论是否在信息系统中接受商请复函均开始计算时限），作出是否批准转移该危险废物的决定；不同意转移的，应当说明理由。

危险废物跨省转移商请、批复全部流程在时限内完成率已经纳入生态环境部印发的"十四五"危险废物规范化环境管理评估指标，办理时限完成率不达标的省级生态环境主管部门，将扣减相应评估分数。危险废物跨省转移商请相关资料已可通过信息系统实现网上办理，接受地和移出地未及时接收移出地跨省转移商请和函复相关材料时，信息系统将对接受地和移出地省级生态环境主管部门予以提示。

153. 什么是危险废物环境应急预案，怎么编制？

《固废法》规定，产生、收集、贮存、运输、利用、处置危险废物的单位，应当依法制定意外事故的防范措施和应急预案，并向所在地生态环境主管部门和其他负有固体废物污染环境防治监督管理职责的部门备案。

《危险废物经营单位编制应急预案指南》明确了危险废物经营单位编制应急预案的原则要求、基本框架、应急预案保证措施、编制步骤、文本格式等要求。产生、收集、运输危险废物的单位及其他相关单位制订应急预案可参考《危险废物经营单位编制应急预案指南》。

154. 实验室固体废物的管理要求是什么？

《固废法》规定，各级各类实验室及其设立单位应当加强对实验室产生的固体废物的管理，依法收集、贮存、运输、利用、处置实验室固体废物。实验室固体废物属于危险废物的，应当按照危险废物管理。因此，实验室固体废物属于危险废物的，应该按照危险废物管理要求设置警示标志、按照标准进行贮存、送至持相应危险废物经营许可证的单位收集、利用和处置；不属于危险废物的，则按照一般固体废物管理要求，进行收集、贮存、利用、处置。

155. "十四五"期间危险废物规范化环境管理工作如何开展？

《"十四五"全国危险废物规范化环境管理评估工作方案》出台背景：

"十三五"期间，环境保护部印发《"十三五"全国危险废物规范化管理督查考核工作方案》和《危险废物规范化管理指标体系》，组织指导各级生态环境主管部门巩固和深化"十一五"时期以来危险废物规范化环境管理工作成效，持续开展危险废物规范化环境管理工作，推动地方政府和相关部门落实监管责任，督促危险废物相关单位落实法律制度，取得很好效果。

近年来，党中央、国务院针对危险废物污染防治作出一系列重要决策部署。2020 年 4 月，新修订的《固废法》对危险废物管理计划制度、台账和申报制度、转移制度、经营许可制度、环境应急预案备案制度等提出了新要求；2021 年 5 月，国务院办公厅印发《强化危险废物监管和利用处置能力改革实施方案》，明确要求推进危险废物规范化环境管理。《"十四五"全国危险废物规范化环境管理评估工作方案》根据上述要求补充完善了相关评估指标，为地方生态环境主管部门和相关单位强化危险废物环境管理提供重要参考。

《"十四五"全国危险废物规范化环境管理评估工作方案》依据《中华人民共和国固体废物污染环境防治法》《危险废物经营许可管理办法》《危险废物转移管理办法》等法律法规和标准规范，针对生态环境主管部门、工业危险废物产生单位和危险废物经营单位分别制定危险废物规范化环境管理评估指标，督促生态环境主管部门和相关企事业单位积极做好危险废物规范化环境管理工作。

156. "十四五"危险废物规范化环境管理评估工作有哪些特点？

"十四五"危险废物规范化环境管理评估工作主要有以下几个方面特点：

（1）改进方式方法。建立分级负责的评估机制，危险废物规范化环境管理评估以省（区、市）组织开展为主，生态环境部结合统筹强化监督等对部分省（区、市）上年度危险废物规范化环境管理相关情况进行评估。

（2）突出评估重点。根据危险废物的危害特性、产生数量和环境风险等因素，突出评估危险废物环境重点监管单位，并在"十四五"期间实现对本地区所有危险废物经营单位全覆盖。

（3）丰富指标类型。为鼓励地方积极创新工作措施、认真落实危险废物污染防治监管责任，增设"加分项"；为规范危险废物经营许可证审批等行为，增设"扣分项"。

另外，对危险废物规范化环境管理评估达标、环境管理水平高的企业，将适当减少"双随机、一公开"抽查频次。

【本章作者：周强】

第十章

危险废物经营管理

157. 什么是危险废物经营许可证?

《固废法》规定,从事收集、贮存、利用、处置危险废物经营活动的单位,应当按照国家有关规定申请取得许可证。对危险废物收集、利用、处置经营活动的环境污染防治实行许可证管理,是依法治国和环境治理体系现代化的重要组成部分,是加强环境监督管理的必要手段。

《危险废物经营许可证管理办法》规定了申请领取危险废物经营许可证的条件、程序以及监督管理要求。2009年,环境保护部印发了《危险废物经营单位审查和许可指南》,明确了申领危险废物经营许可证的证明材料,审批程序及时限,专家评审,焚烧、填埋及利用设施的审查要点,危险废物经营许可证的内容,监督检查等要求。

158. 危险废物经营许可证有哪几种?

危险废物经营许可证按照经营方式,分为危险废物综合许可证和危险废物收集经营许可证。领取危险废物综合许可证的单位,可以从事相应类别危险废物的收集、贮存、利用、处置经营活动;领取危险废物收集许可证的单位,可以从事相应类别危险废物的收集、贮存经营活动。

159. 危险废物产生单位自行利用处置危险废物是否需要办理危险废物经营许可证?

《固废法》第80条规定"从事收集、贮存、利用、处置危险废物经营活动的单位,应当按照国家有关规定申请取得许可证",即不只是或不是为收集、贮存、处置自己产生的危险废物,而是面向社会,对外服务,从事专门性的经营活动。这既包括区域性的集中收集、贮存、利用、处置设施,也包括企业将自建的危险废物贮存、利用、处置设施对外单位开放,接受其他单位的危险废物或加入区域性危险废物处置网络系统而承担的贮存、利用、处置其他单位的危险废物的任务。因此，目前企事业单位自行收集、贮存、利用、处置自己产生的危险废物则不必获得许可，但须执行国家环境影响评价、排污许可等有关规定，并应接受生态环境部门和其他监督管理部门的监督管理。

160. 申领危险废物综合经营许可证应当具备哪些条件？

（1）有 3 名以上环境工程专业或者相关专业中级以上职称，并有 3 年以上固体废物污染治理经历的技术人员。

（2）有符合国务院交通主管部门有关危险货物运输安全要求的运输工具；

（3）有符合国家或者地方环境保护标准和安全要求的包装工具，中转和临时存放设施、设备以及经验收合格的贮存设施、设备。

（4）有符合国家或者省、自治区、直辖市危险废物处置设施建设规划，符合国家或者地方环境保护标准和安全要求的处置设施、设备和配套的污染防治设施；其中，医疗废物集中处置设施，还应当符合国家有关医疗废物处置的卫生标准和要求。

（5）有与所经营的危险废物类别相适应的处置技术和工艺。

（6）有保证危险废物经营安全的规章制度、污染防治措施和事故应急救援措施。

（7）以填埋方式处置危险废物的，应当依法取得填埋场所的土地使用权。

《水泥窑协同处置危险废物经营许可证审查指南（试行）》《废烟气脱硝催化剂危险废物经营许可证审查指南》《废氯化汞触媒危险废物经营许可证审查指南》《废铅蓄电池危险废物经营单位审查和许可指南（试行）》，分别针对水泥窑协同处置设施和废烟气脱硝催化剂、废氯化汞触媒、废铅蓄电池危险废物利用处置设施申领危险废物经营许可证细化了审批要求。

161. 申领危险废物收集经营许可证应当具备哪些条件？

（1）有防雨、防渗的运输工具。

（2）有符合国家或者地方环境保护标准和安全要求的包装工具，中转和临时存放设施、设备。

（3）有保证危险废物经营安全的规章制度、污染防治措施和事故应急救援措施。

162. 危险废物经营许可证是永久有效的吗？

《危险废物经营许可证管理办法》规定，危险废物综合经营许可证有效期为5年；危险废物收集经营许可证有效期为3年。

危险废物经营许可证有效期届满，危险废物经营单位继续从事危险废物经营活动的，应当于危险废物经营许可证有效期届满30个工作日前向原发证机关提出换证申请。原发证机关应当自受理换证申请之日起20个工作日内进行审查，符合条件的，予以换证；不符合条件的，书面通知申请单位并说明理由。

163. 危险废物利用的方法有哪些？

《固废法》给出了利用的定义，即是指从固体废物中提取物质作为原材料或者燃料的活动。

除此之外，根据《固体废物再生利用污染防治技术导则》（HJ 1091—2020），对固体废物再生利用作出进一步细化，如用作原料或替代材料的物质再生利用和用作替代燃料的能量再生利用。例如，铬渣与原矿以一定的配比再次进入生产线熔炼、废包装桶不改变用途循环使用，以及从废弃的印刷电路板提取有价金属、废有机溶剂的提纯、废催化剂的再生。

164. 危险废物资源化利用需要注意哪些事项？

危险废物资源化利用首先应该确保其安全性，包括环境安全和人体安全。利用后，不得有危险成分进入环境或生物链的风险。其次要考虑目前的工艺技术成熟程度，应该有相应的标准和技术规范。利用危险废物生产的原材料或燃料，应当符合国家有关产品质量的标准。

165. 危险废物处置的方法有哪些？

处置是指将固体废物焚烧和用其他改变固体废物的物理、化学、生物特性的方法，达到减少已产生的固体废物数量、缩小固体废物体积、减少或者消除其危险成分的活动，或者将固体废物最终置于符合环境保护规定要求的填埋场的活动。危险废物处置主要包括焚烧处置和填埋处置方式。

166. 危险废物利用处置方式对应的代码是什么？

利用和处置方式代码表

代码	说明
	危险废物（不含医疗废物、铬渣）利用方式
R1	作为燃料（直接燃烧除外）或以其他方式产生能量
R2	溶剂回收/再生（如蒸馏、萃取等）
R3	再循环/再利用不是用作溶剂的有机物
R4	再循环/再利用金属和金属化合物
R5	再循环/再利用其他无机物
R6	再生酸或碱
R7	回收污染减除剂的组分
R8	回收催化剂组分
R9	废油再提炼或其他废油的再利用
R15	其他

代码	说明
危险废物（不含医疗废物、铬渣）处置方式	
D1	填埋
D9	物理化学处理（如蒸发、干燥、中和、沉淀等），不包括填埋或焚烧前的预处理
D10	焚烧
D16	其他
C1	水泥窑共处置
危险废物（不含医疗废物、铬渣）其他方式	
C2	生产建筑材料
C3	清洗（包装容器）
医疗废物处置方式	
Y10	医疗废物焚烧
Y11	医疗废物高温蒸汽处理
Y12	医疗废物化学消毒处理
Y13	医疗废物微波消毒处理
Y16	医疗废物其他处置方式
铬渣利用处置方式	
G21	干法解毒
G22	湿法解毒
G23	烧结炼铁
G24	生产水泥
G29	其他

（1）为与《控制危险废物越境转移及其处置巴塞尔公约》相对应，废物利用和处置方式的代码未连续编号。

（2）利用、处置或贮存不包括填坑、填海。

（3）利用是指从工业危险废物中提取物质作为原材料或者燃料的活动。

（4）处置是指将工业危险废物焚烧和用其他改变固体废物的物理、化学、生物特性的方法，达到减少已产生的工业危险废物数量、缩小工业危险废物体积、减少或者消除其他危险成分的活动，或者将工业危险废物最终置于符合环境保护规定要求的填埋场的活动。

（5）焚烧是指焚化燃烧危险废物使之分解并无害化的过程。

（6）贮存是指将工业危险废物临时置于特定设施或者场所中的活动。

（7）水泥窑共处置是指在水泥生产工艺中使用工业废物作为替代燃料或原料，消纳处理工业危险废物的方式。

（8）生产建筑材料是指将工业危险废物用于生产砖瓦、建筑骨料、路基材料等建筑材料。

167. 危险废物经营许可证持有单位经营情况是指哪些内容？

《危险废物经营许可证管理办法》《危险废物经营单位记录和报告经营情况指南》规定，危险废物经营许可证持有单位应当定期报告危险废物经营活动情况。建立危险废物经营情况记录簿，如实记载收集、贮存、处置危险废物的类别、来源、去向和有无事故等事项。

按照《关于推进危险废物环境管理信息化有关工作的通知》（环办固体函〔2020〕733号）和《关于进一步推进危险废物环境管理信息化有关工作的通知》（环办固体函〔2022〕230号），危险废物经营许可证持有单位应当于每年3月31日前通过固体废物管理信息系统报送上一年度危险废物收集、贮存、利用、处置等有关情况。有条件的单位可以实时或按月报送危险废物收集、贮存、利用、处置等有关情况。企业对填报信息的真实性、准确性和完整性负责。

各省级生态环境部门应通过国家固体废物信息系统汇总分析行政区域内上一年度危险废物产生、转移和利用处置等情况，并于每年4月30日前以书面方式报送生态环境部，同时抄送生态环境部固体废物与化学品管理技术中心。

168. 什么情况下需要变更危险废物经营许可证，如何变更？

有下列情形之一的，危险废物经营单位应当按照原申请程序，重新申请领取危险废物经营许可证：

（1）改变危险废物经营方式的。

（2）增加危险废物类别的。

（3）新建或者改建、扩建原有危险废物经营设施的。

（4）经营危险废物超过原批准年经营规模 20% 以上的。

危险废物经营单位变更法人名称、法定代表人和住所的，应当自工商变更登记之日起 15 个工作日内，向原发证机关申请办理危险废物经营许可证变更手续。

169. 非法从事危险废物收集、利用、处置活动会有哪些处罚？

根据《固废法》，无许可证从事收集、贮存、利用、处置危险废物经营活动的，由生态环境主管部门责令改正，处一百万元以上五百万元以下的罚款，并报经有批准权的人民政府批准，责令停业或者关闭；对法定代表人、主要负责人、直接负责的主管人员和其他责任人员，处十万元以上一百万元以下的罚款。

未按照许可证规定从事收集、贮存、利用、处置危险废物经营活动的，由生态环境主管部门责令改正，限制生产、停产整治，处五十万元以上二百万元以下的罚款；对法定代表人、主要负责人、直接负责的主管人员和其他责任人员，处五万元以上五十万元以下的罚款；情节严重的，报经有批准权的人民政府批准，责令停业或者关闭，还可以由发证机关吊销许可证。

此外，非法从事危险废物收集、利用、处置活动构成犯罪的，依法追究刑事责任。

2021 年 6 月，广东省佛山市生态环境局工作人员在某短视频平台上发现有人发布收购废包装桶视频，结合办案经验和进一步调查，执法人员怀疑该短视频背后涉嫌存在一条非法收购、处置废包装桶的犯罪产业链条，并立即将线索报转佛山市公安局。佛山市公安局指定属地佛山市高明区公安分局（以下简称高明区公安分局）开展侦查。

经查，赵某某无危险废物经营许可证，在佛山市高明唐采涂料有限公司和佛山市国化新材料科技有限公司收购盛装过生产原料和化工产品的废包装桶，通过露天仓库中转，后运至肇庆市高要区的加工厂进行清洗和喷漆翻新。清洗废铁桶后产生的废液，由赵某卖给同样没有危险废物处理资质的被告人李某回收和处置。现场检查发现，场地裸露土壤明显可见蓝色油漆覆盖，涉案包装桶供应企业的危险废物产生及转移记录数据与实际情况不符。根据《中华人民共和国刑法》第 338 条、《最高人民法院、最高人民检察院关于办理环境污染刑事案件适用法律若干问题的解释》第 1 条第 2 项和第 6 条的规定，赵某某等非法处置危险废物的行为涉嫌污染环境罪。2021 年 8 月 15 日，高明区公安分局立案。11 月 30 日，高明区公安分局将案件移送至佛山市高明区人民检察院审查起诉。2022 年 1 月 7 日，佛山市高明区人民检察院向佛山市高明区人民法院提起公诉。2022 年 1 月 25 日，佛山市高明区人民法院做出判决如下：赵某犯污染环境罪，判处有期徒刑九个月，并处罚金人民币 10 000 元；李某犯污染环境罪，判处有期徒刑六个月，并处罚金人民币 6 000 元。

170. 突发性事故造成危险废物严重环境污染时，应如何处理？

因发生事故或者其他突发性事件，造成危险废物严重污染环境的单位，应对已发生的污染立即采取减轻或消除的措施，防止污染危害进一步扩大；及时通报可能受到污染危害的单位和居民，使其在第一时间了解危害的程度，能够有充足的时间采取转移、躲避、防御和救护等措施；向所在地县级以上地方人民政府生态环境主管部门和有关部门报告并接受调查处理，报告内容主要包括事故的类型、发生的时间、地点、排污数量、经济损失、人员受害情况等，重大或特大的环境污染事故要在发生事故后算起的 48 小时内报告，事故查清后要进一步对事故发生的原因、过程、危害、采取的措施、处理结果以及事故的潜在危害或间接危害、社会影响、遗留的问题和防范措施进行书面报告。

根据《国家危险废物名录（2021 年版）》，突发环境事件及其处理过程中产生的 HW900-042-49 类危险废物和其他需要按危险废物进行处理处置的固体废物，以及事件现场遗留的其他危险废物和废弃危险化学品，可按事发地的县级以上人民政府确定的处置方案对运输或者利用、处置过程豁免，即运输或者利用、处置过程不按危险废物管理。

171. 危险废物填埋场退役费用如何计算？

根据《重点危险废物集中处置设施、场所退役费用预提和管理办法》，责任单位应当按照满足危险废物填埋场退役后稳定运行的原则，计算退役费用总额，根据企业会计准则相关规定预计弃置费用，一次性计入相关资产原值，在退役前按照固定资产折旧方式进行分年摊销，并计入经营成本。

根据《危险废物经营许可证管理办法》《危险废物填埋污染控制标准》（GB 18598）等规定，退役费用最低预提标准分别为：①柔性填埋场。按照超额累退方法计算，总库容量低于 20 万（含）立方米的，按照 200 元/立方米标准预提；超过 20 万立方米小于 50 万（含）立方米，所超部分按照 150 元/立方米标准预提，超过 50 万立方米的，所超过部分按照 100 元/立方米标准预提。②刚性填埋场。按照超额累退方法计算，总库容量低于 20 万（含）立方米的，按照 30 元/立方米标准预提；超过 20 万立方米的，所超过部分按照 20 元/立方米标准预提。

各省级价格主管部门会同同级财政、生态环境主管部门可根据地方经济发展水平、人工成本、退役工作实际需求等因素，在前述年度退役费用预提最低标准基础上确定本行政区域退役费用预提最低标准，但不得低于国家标准。

责任单位可在上述标准基础上，根据退役工作实际需要，适当提高退役费用提取标准。

172. 已经运行的危险废物填埋场，预提退役费用如何计算？

根据《重点危险废物集中处置设施、场所退役费用预提和管理办法》，已经运行的危险废物填埋场，预提退役费用总额由两部分相加组成，分别是：

（1）已填库容的预提费用=已填库容量×（按照办法第七条规定的相应费用标准×剩余库容量占总库容量的比例）。计提后应摊销的部分，可在 2022 年 1 月 1

日起至封场前分摊完毕。

（2）未填库容的预提费用=剩余库容量×按照办法第七条规定的相应费用标准。应从 2022 年开始根据剩余库容量预提，根据实际填埋量摊销退役费用，直至运行封场。

173. 国家对促进危险废物利用处置企业规模化发展、专业化运营有什么举措？

《强化危险废物监管和利用处置能力改革实施方案》提出，设区的市级人民政府生态环境等部门定期发布危险废物相关信息，科学引导危险废物利用处置产业发展。新建危险废物集中焚烧处置设施处置能力原则上应大于 3 万吨/年，控制可焚烧减量的危险废物直接填埋，适度发展水泥窑协同处置危险废物。落实"放管服"改革要求，鼓励采取多元投资和市场化方式建设规模化危险废物利用设施；鼓励企业通过兼并重组等方式做大做强，开展专业化建设运营服务，努力打造一批国际一流的危险废物利用处置企业。

174. 什么是小微企业危险废物收集试点？

小微企业主要是指危险废物产生量相对较小的企业，还包括机动车维修点、科研机构和学校实验室等社会源。小微企业危险废物产生量少，但种类杂、点多面广，如不及时收集处理将存在较大环境风险隐患。

为有效打通小微企业危险废物收集"最后一公里"，切实解决小微企业急难愁盼的危险废物收集处理问题，通过开展试点，推动建立规范有序的小微企业危险废物收集体系，探索形成一套可推广的小微企业危险废物收集模式，研究完善危险废物收集单位管理制度，有效防范小微企业危险废物环境风险。

175. 如何确定小微企业危险废物收集试点单位？

为确保收集单位布局合理，提升收集效能，《关于开展小微企业危险废物收集试点的通知》（环办固体函〔2022〕66号）明确了如何确定试点单位数量和布局。省级生态环境部门宜选择辖区内副省级城市和其他条件较好的地市开展试点。应科学评估辖区内小微企业分布情况、小微企业危险废物产生量以及现有危险废物收集能力，合理确定小微企业危险废物收集单位数量和布局，避免能力过剩。生态环境部门可以依托小微企业集中的工业园区开展试点。引导和支持具有危险废物收集经验、具备专业技术能力、社会责任感强的单位开展试点。

176. 小微企业危险废物收集单位应具备什么条件？

为确保收集单位高质量、可持续运行，《关于开展小微企业危险废物收集试点的通知》（环办固体函〔2022〕66号）对收集单位主要提出了人员、设施、技术和环境管理四个方面要求。

（1）在人员要求方面，收集单位应具有环境科学与工程、化学等相关专业背景中级及以上专业技术职称的全职技术人员。

（2）在设施要求方面，收集单位应具有符合国家和地方环境保护标准要求的包装工具、贮存场所和配套的污染防治设施等基本要求。

（3）在技术要求方面，收集单位应具有与所收集的危险废物相适应的分析检测能力，不具备相关分析检测能力的，应委托具备相关能力单位开展分析检测工作。

（4）在环境管理要求方面，收集单位应具有防范危险废物污染环境的管理制度、污染防治措施和环境应急预案等环境管理要求。

此外，各省（区、市）还结合本省（区、市）实际情况，制定具体的审查内容，进一步细化收集单位应当具备的条件。

177. 小微企业危险废物收集单位有哪些责任?

为确保小微企业危险废物规范收集和利用处置,防范危险废物收集、转运、利用和处置过程的环境风险,《关于开展小微企业危险废物收集试点的通知》(环办固体函〔2022〕66号)对收集单位提出两个方面主要责任。

一是落实危险废物相关环境保护法律法规和标准要求的责任。收集单位应依法制订危险废物管理计划,建立危险废物管理台账,通过全国固体废物管理信息系统如实申报试点过程的危险废物收集、贮存和转移等情况,并运行危险废物电子转移联单等。

二是及时将收集的危险废物转运至利用处置单位妥善处理的责任。收集单位应按照规定的服务地域范围和收集废物类别,及时收集转运服务地域范围内小微企业产生的危险废物,分类收集贮存,并将所收集的危险废物按相关规定及时转运至危险废物利用处置单位。

此外,鼓励收集单位采用信息化手段记录所收集危险废物的种类、来源、数量、贮存和去向等信息,为小微企业提供危险废物管理方面的延伸服务。

【本章作者:矫云阳】

第十一章

医疗废物管理

178. 什么是医疗废物？

《医疗废物管理条例》规定，医疗废物是指医疗卫生机构在医疗、预防、保健以及其他相关活动中产生的具有直接或者间接感染性、毒性以及其他危害性的废物。《医疗废物处理处置污染控制标准》（GB 39707—2020）细化了医疗废物的定义，即指医疗卫生机构在医疗、预防、保健及其他相关活动中产生的具有直接或间接感染性、毒性以及其他危害性的废物，也包括《医疗废物管理条例》规定的其他按照医疗废物管理和处置的废物。

179. 医疗废物是危险废物吗？

根据《固废法》第 90 条提出医疗废物按照国家危险废物名录管理，医疗废物已列入《国家危险废物名录》，并作为危险废物中的重要一类，其废物类别为HW01，并按《医疗废物分类目录》进行分类管理。

医疗废物（HW01）分为五大类：感染性废物、损伤性废物、病理性废物、化学性废物和药物性废物。

感染性废物：携带病原微生物具有引发感染性疾病传播危险的医疗废物。

损伤性废物：能够刺伤或者割伤人体的废弃的医用锐器。

病理性废物：诊疗过程中产生的人体废弃物和医学实验动物尸体等。

化学性废物：具有毒性、腐蚀性、易燃易爆性的废弃化学物品。

药物性废物：过期、淘汰、变质或者被污染的废弃的药品。

感染性废物、病理性废物和损伤性废物可能引起感染性疾病，甚至引起传染病流行，如乙型肝炎、丙型肝炎、艾滋病等。

药物性废物和化学性废物可能引起药物中毒和化学性损害。

180. 医疗废物的管理涉及哪些部门的责任？

根据《固废法》第 90 条和第 91 条的规定，医疗废物的管理涉及地方人民政府、卫生健康、生态环境、环境卫生、交通运输、医疗卫生机构、医疗废物集中处置单位等部门和单位。

其中，①县级以上地方人民政府应当加强医疗废物集中处置能力建设。②县级以上人民政府卫生健康、生态环境等主管部门应当在各自职责范围内加强对医疗废物收集、贮存、运输、处置的监督管理，防止危害公众健康、污染环境。③医疗卫生机构和医疗废物集中处置单位，应当采取有效措施，防止医疗废物流失、泄漏、渗漏、扩散。④重大传染病疫情等突发事件发生时，县级以上人民政府应当统筹协调医疗废物等危险废物收集、贮存、运输、处置等工作，保障所需的车辆、场地、处置设施和防护物资。卫生健康、生态环境、环境卫生、交通运输等主管部门应当协同配合，依法履行应急处置职责。

181. 医疗废物管理相关的政策法规有哪些?

医疗废物管理主要依据 2003 年国务院颁布的《医疗废物管理条例》，该条例适用于医疗废物的收集、运送、贮存、处置以及监督管理等活动，该条例规定卫生行政主管部门、环境保护行政主管部门和人民政府其他有关部门为主要监管部门——卫生行政主管部门负责监督管理全过程活动的疾病防治、环境保护行政主管部门负责监督管理全过程的环境污染防治、人民政府其他有关部门负责监督管理与医疗废物处置有关的工作。两部门为履行自己的职权，分别制定了《医疗卫生机构医疗废物管理办法》《医疗废物集中处置技术规范》，为督促管理对象承担法律责任制定了《医疗废物管理行政处罚办法》。我国还制定了医疗废物分类目录、各类处置技术规范，以及地方性法律规程。

182. 医疗废物全过程管理的主要环节是什么?

医疗废物通常具有感染性等危害特性，为防止疾病传播，保护人体健康和保护生态环境，需要及时、有序、高效进行无害化处置。医疗废物全过程管理的主要环节包括收集、贮存、运输、处置等。

（1）分类收集。医院等医疗卫生机构根据不同医疗废物类别进行分类包装后，置于指定周转桶（箱）或一次性专用包装容器中。

（2）规范贮存。分类后的医疗废物应放置于医院等医疗卫生机构的暂时贮存设施、设备，贮存场所设专人管理，有严密的封闭措施；并建立贮存场所台账，登记医疗废物来源、种类、数量、交接时间及签名、最终去向；医疗废物的暂时贮存设施、设备并定期消毒和清洁。

（3）及时转运。医院等医疗机构应当委托专业机构使用专用医疗废物运输车辆将医疗废物转运至医疗废物集中处置单位。医疗废物按规定应在 48 小时内转运至医疗废物集中处置单位，并执行危险废物转移联单等管理制度。

（4）无害化处置。医疗废物集中处置单位要按照相关标准规范有关要求，负责对医疗废物进行无害化处置。

医疗废物处置过程中除了满足环保有关规定外，还应执行卫生防护和防疫等方面的规定。同时，医疗废物产生、贮存、运输和处置全过程要做好记录。

183. 医院产生的废物都是医疗废物吗？

医院产生的废物不都是医疗废物。根据《医疗废物分类目录（2021 年版）》。例如，非传染病区使用或者未用于传染病患者、疑似传染病患者以及采取隔离措施的其他患者的输液瓶（袋），盛装消毒剂、透析液的空容器，一次性医用外包装物，废弃的中草药与中草药煎制后的残渣，盛装药物的药杯，尿杯，纸巾、湿巾、尿不湿、卫生巾、护理垫等一次性卫生用品，医用织物以及使用后的大、小便器等均不属于医疗废物，不必按照医疗废物进行管理。但这类废物回收利用时不能用于原用途，当用于其他用途时，应符合不危害人体健康的原则。医院产生的生活垃圾（重大传染病疫情感染的除外）一般也不作为医疗废物管理。

184. 医疗废物的收集有哪些要求？

医疗卫生机构应当根据《医疗废物分类目录》，对医疗废物实施分类收集管理，在医疗废物产生地点设置有医疗废物分类收集方法的示意图或者文字说明，明确感染性废物、病理性废物、损伤性废物、药物性废物及化学性废物不能混合收集。少量的药物性废物可以混入感染性废物，但应当在标签上注明。禁止将医疗废物混入其他废物和生活垃圾。

特别注意的是高危险废物、传染病病人产生的医疗废物、排泄物具有特别要求。部分类别医疗废物分类收集的目的是送往专门机构处置，不能运送至集中处置单位混合处置。医疗卫生机构产生的废弃麻醉、精神、放射性、毒性等药品及其相关的废物的管理，依照有关法律、行政法规和国家有关规定、标准执行。

185. 医疗废物的包装有哪些要求？

根据《医疗废物专用包装袋、容器和警示标志标准》（HJ 421—2008）、《医疗卫生机构医疗废物管理办法》《医疗废物分类名录（2021 年版）》等文件，医疗废物的包装应符合以下相关要求。

（1）盛装医疗废物的每个包装物、容器外表面应当有警示标识，在每个包装物、容器上应当系中文标签，中文标签的内容应当包括医疗废物产生单位、产生日期、类别及需要的特别说明等。

（2）医用针头、缝合针、各类医用锐器、载玻片、玻璃试管、玻璃安瓿等在内的损伤性医疗废物应盛装在一次性专用硬质容器即利器盒内。

（3）盛装的医疗废物达到包装物或者容器的 3/4 时，应当使用有效的封口方式，使包装物或者容器的封口紧实、严密。

（4）包装物或者容器的外表面被感染性废物污染时，应当对被污染处进行消毒处理或者增加一层包装。

（5）采用高温热处置技术处置的医疗废物，其包装袋、利器盒不应使用聚氯乙烯材料。

（6）放入包装物或者容器内的医疗废物，在收集、运送、贮存、处置的全过程，均不得打开包装袋再次取出。

186. 医疗废物的贮存有哪些要求？

医疗卫生机构和医疗废物处理处置单位涉及对医疗废物的贮存。

其中，医疗卫生机构的贮存要求：根据《医疗废物管理条例》《医疗卫生机构医疗废物管理办法》，医疗卫生机构应建立医疗废物暂时贮存设施、设备，不得露天存放医疗废物；医疗废物暂时贮存的时间不得超过 2 天。医疗废物的暂时贮存设施、设备，应当远离医疗区、食品加工区和人员活动区以及生活垃圾存放场所，方便医疗废物运送人员及运送工具、车辆的出入；有严密的封闭措施，设专（兼）职人员管理，防止非工作人员接触医疗废物；设置明显的警示标识和"禁止吸烟、饮食"的警示标识；防渗漏、防鼠、防蚊蝇、防蟑螂、防盗以及预防儿童接触等安全措施；医疗废物的暂时贮存设施、设备应当定期消毒和清洁。

医疗废物处理处置单位的贮存要求：根据《医疗废物处理处置污染控制标准》（GB 39707—2020），医疗废物处理处置单位应设置感染性、损伤性、病理性废物的贮存设施；若收集化学性、药物性废物还应设置专用贮存设施。贮存设施内应设置不同类别医疗废物的贮存区。贮存设施地面防渗应满足国家和地方有关重点污染源防渗要求。贮存设施应设置废水收集设施，收集的废水应导入废水处理设施。感染性、损伤性、病理性废物贮存设施应设置微负压及通风装置、制冷系统和设备，排风口应设置废气净化装置。医疗废物不能及时处理处置时，应置于贮存设施内贮存。感染性、损伤性、病理性废物应盛装于医疗废物周转箱/桶内并置于贮存设施内暂时贮存。处理处置单位对感染性、损伤性、病理性废物的贮存应符合以下要求：①贮存温度≥5℃，贮存时间不得超过 24 小时；②贮存温度<5℃，贮存时间不得超过 72 小时；③偏远地区贮存温度<5℃，并采取消毒措施时，可适当延长贮存时间，但不得超过 168 小时。

187. 医疗废物运输过程中对运送车辆有什么要求？

根据《医疗废物转运车技术要求（试行）》（GB 19217—2003），医疗废物转运车应为已定型的保温车、冷藏车进行适当改造，用于转运医疗废物的专用货车，车辆应配备专用的箱子，放置因意外发生事故后防止污染扩散的用品：消毒器械及消毒剂；收集工具及包装袋；人员卫生防护用品等。

根据《医疗废物管理条例》，医疗废物运送车辆应当遵守国家危险货物运输管理的规定，有明显医疗废物标识，达到防渗漏、防遗撒以及其他环境保护和卫生要求。车辆使用后，应当在医疗废物集中处置场所内及时进行消毒和清洁。运送医疗废物的专用车辆不得运送其他物品。

同时《医疗废物处理处置污染控制标准》（GB 39707—2020）明确规定，运输过程应按照规定路线行驶，行驶过程中应锁闭车厢门，避免医疗废物丢失、遗撒。

188. 医疗卫生机构与集中处置单位交接医疗废物时应做好哪些登记？

医疗卫生机构应根据《危险废物转移管理办法》，根据需要转移的医疗废物实际情况如实填写运行《危险废物转移联单》。医疗废物运送人员在接收医疗废物时，应外观检查医疗卫生机构是否按规定进行包装、标识，并盛装于周转箱内，不得打开包装袋取出医疗废物，并核实医疗废物转移联单。对包装破损、包装外表污染或未盛装于周转箱内的医疗废物，医疗废物运送人员应当要求医疗卫生机构重新包装、标识，并盛装于周转箱内；拒不按规定对医疗废物进行包装的或转移的医疗废物与联单载明不符的，运送人员有权拒绝运送，并向当地生态环境部门报告。每车每次运送的医疗废物采用《医疗废物运送登记卡》管理，一车一卡，由医疗卫生机构医疗废物管理人员交接时填写并签字。当医疗废物运至处置单位时，处置厂接收人员确认该登记卡上填写的医疗废物数量真实、准确后签收。

189. 医疗废物消毒处理技术主要有哪些?

医疗废物消毒技术主要有高温蒸汽消毒、化学消毒、微波消毒和其他消毒技术等。其中:

(1)高温蒸汽消毒技术是指利用高温蒸汽杀灭医疗废物中病原微生物,消除其潜在感染性危害的处理方法。

(2)化学消毒技术是指利用化学消毒剂杀灭医疗废物中病原微生物,消除其潜在感染性危害的处理方法。

(3)微波消毒技术是指利用单独微波作用或微波与高温蒸汽组合作用杀灭医疗废物中病原微生物,消除其潜在感染性危害的处理方法。

(4)其他消毒技术是指利用其他消毒处理工艺和技术杀灭医疗废物中病原微生物,消除其潜在感染性危害的处理方法。

190. 医疗废物消毒处理技术消毒效果有什么要求?

根据《医疗废物消毒处理设施运行管理技术规范》(HJ 1284—2023),高温蒸汽消毒应采用嗜热脂肪杆菌芽孢(Bacillus ATCC 7953)作为生物指示物,单独微波消毒工艺选择枯草杆菌黑色变种芽孢(ATCC 9372)作为生物指示物,微波与高温蒸汽组合消毒处理工艺选择嗜热性脂肪杆菌芽孢(ATCC 7953)和枯草杆菌黑色变种芽孢(ATCC 9372)作为生物指示物,化学消毒和干热消毒应采用枯草杆菌黑色变种芽孢(B.subtilis ATCC 9372)作为生物指示物,其他消毒技术可基于消毒方式的不同选择适当的生物指示物,确保其杀灭对数值≥4.00,达到消毒效果要求。医疗废物经高温蒸汽消毒、化学消毒、微波消毒或其他消毒技术处理后,可进入生活垃圾处理厂进行焚烧或填埋场处置。

191. 医疗废物集中处置单位应符合什么条件?

根据《医疗废物管理条例》,从事医疗废物集中处置活动的单位,应当向县级以上人民政府生态环境主管部门申请领取经营许可证；未取得经营许可证的单位，不得从事有关医疗废物集中处置的活动。

医疗废物集中处置单位，还应当符合下列条件：

（1）具有符合环境保护和卫生要求的医疗废物贮存、处置设施或者设备。

（2）具有经过培训的技术人员以及相应的技术工人。

（3）具有负责医疗废物处置效果检测、评价工作的机构和人员。

（4）具有保证医疗废物安全处置的规章制度。

192. 医疗废物焚烧产生的底渣和飞灰属于危险废物吗？

医疗废物焚烧势必会产生底渣和飞灰，在《国家危险废物名录》中明确规定危险废物焚烧、热解等处置过程中产生的底渣、飞灰为危险废物，因此医疗废物焚烧产生的底渣、飞灰属于危险废物，废物代码为 772-003-18。其中，医疗废物焚烧处置产生的底渣，满足《生活垃圾填埋场污染控制标准》（GB 16889）要求进入生活垃圾填埋场填埋，全过程不按危险废物管理；医疗废物焚烧飞灰满足《生活垃圾填埋场污染控制标准》（GB 16889）要求进入生活垃圾填埋场填埋，填埋处置过程不按危险废物管理。

193. 医疗废物豁免应符合什么条件？

《国家危险废物名录（2021 年版）》中的危险废物豁免管理清单规定了医疗废物的豁免管理条件和要求，具体内容如下：

（1）医疗废物（HW01）：床位总数在 19 张以下（含 19 张）的医疗机构产生的医疗废物（重大传染病疫情期间产生的医疗废物除外），其收集、运输过程不按危险废物管理；重大传染病疫情期间产生的医疗废物，按事发地的县级以上人民政府确定的处置方案进行运输、处置。

（2）感染性废物（841-001-01）：按照《医疗废物高温蒸汽集中处理工程技术规范》（HJ/T 276）或《医疗废物化学消毒集中处理工程技术规范》（HJ/T 228）

或《医疗废物微波消毒集中处理工程技术规范》（HJ/T 229）进行处理后按生活垃圾运输，即其运输环节不按危险废物进行运输；按照《医疗废物高温蒸汽集中处理工程技术规范》（HJ/T 276）或《医疗废物化学消毒集中处理工程技术规范》（HJ/T 228）或《医疗废物微波消毒集中处理工程技术规范》（HJ/T 229）进行处理后进入生活垃圾填埋场填埋或进入生活垃圾焚烧厂焚烧，即其处置环节不按危险废物进行管理。

（3）损伤性废物（841-002-01）：按照《医疗废物高温蒸汽集中处理工程技术规范》（HJ/T 276）或《医疗废物化学消毒集中处理工程技术规范》（HJ/T 228）或《医疗废物微波消毒集中处理工程技术规范》（HJ/T 229）进行处理后按生活垃圾运输，即其运输环节不按危险废物进行运输；按照《医疗废物高温蒸汽集中处理工程技术规范》（HJ/T 276）或《医疗废物化学消毒集中处理工程技术规范》（HJ/T 228）或《医疗废物微波消毒集中处理工程技术规范》（HJ/T 229）进行处理后进入生活垃圾填埋场填埋或进入生活垃圾焚烧厂焚烧，即其处置环节不按危险废物进行管理。

（4）病理性废物（人体器官除外）（841-003-01）：按照《医疗废物化学消毒集中处理工程技术规范》（HJ/T 228）或《医疗废物微波消毒集中处理工程技术规范》（HJ/T 229）进行处理后按生活垃圾运输，即其运输环节不按危险废物进行运输；按照《医疗废物化学消毒集中处理工程技术规范》（HJ/T 228）或《医疗废物微波消毒集中处理工程技术规范》（HJ/T 229）进行处理后进入生活垃圾焚烧厂焚烧，即其处置环节不按危险废物进行管理。

194. 偏远地区的医疗废物如何管理和处置？

《医疗废物管理条例》规定，不具备集中处置医疗废物条件的农村，医疗卫生机构应当按照县级人民政府卫生行政主管部门、环境保护行政主管部门的要求，自行就地处置其产生的医疗废物。自行处置医疗废物的，应当符合下列基本要求：使用后的一次性医疗器具和容易致人损伤的医疗废物，应当消毒并作毁形处理；

能够焚烧的，应当及时焚烧；不能焚烧的，消毒后集中填埋。此外，《国务院办公厅关于印发强化危险废物监管和利用处置能力改革实施方案的通知》（国办函〔2021〕47 号）提出，鼓励发展移动式医疗废物处置设施，为偏远基层提供就地处置服务。

195. 医疗废物从业人员应做好哪些职业卫生防护？

在非疫情期间，根据《医疗废物管理条例》相关内容，医疗卫生机构和医疗废物集中处置单位，应当采取有效的职业卫生防护措施，为从事医疗废物收集、运送、贮存、处置等工作的人员和管理人员，配备必要的防护用品，操作人员在操作过程中须穿戴防护手套、口罩、工作服、靴等防护用品，如有液体或熔融物溅出危险时，还须佩戴护目镜；定期进行健康检查；必要时，对有关人员进行免疫接种，防止其受到健康损害。

在新冠疫情期间，根据国家卫生健康委《新型冠状病毒感染不同风险人群防护指南》，规定了对于隔离病区工作人员、医学观察场所工作人员、疑似和确诊病例转运人员等特定人员的防护要求，应穿戴工作服、一次性工作帽、一次性手套、医用一次性防护服、医用防护口罩或动力送风过滤式呼吸器、防护面屏或护目镜、工作鞋或胶靴、防水靴套等。同时根据《新型冠状病毒感染的肺炎疫情医疗废物应急处置管理与技术指南（试行）》等文件要求，疫情期间要加强操作人员的日常体温监测工作。有条件的地区，可安排医疗废物收集、贮存、转运、处置一线操作人员集中居住。医疗卫生废物处理/处置工作人员运送或处置操作完成之后要立即洗手和消毒，从特殊区域返回的人员应当全面洗澡；离开工作区前，工作人员必须对使用过的工具使用含氯消毒液进行消毒。

196. 什么是涉重大传染病疫情医疗废物？

以新冠疫情为例，根据国家卫生健康委办公厅《关于做好新型冠状病毒感染的肺炎疫情期间医疗机构医疗废物管理工作的通知》（国卫办医函〔2020〕81 号），涉疫情医疗废物是指医疗机构在诊疗新冠的肺炎患者及疑似患者发热门诊和病区（房）产生的废弃物，包括医疗废物和生活垃圾，均应当按照医疗废物进行分类收集。不同地方针对疫情情况会对涉新冠疫情医疗废物进行分类。

197. 重大传染病疫情期间医疗废物的包装有哪些特殊要求？

以新冠疫情为例，生态环境部印发《新型冠状病毒感染的肺炎疫情医疗废物应急处置管理与技术指南（试行）》中对疫情期间医疗废物的包装提出了要求：疫情防治过程中产生的感染性医疗废物进行消毒处理，严格按照《医疗废物专用包装袋、容器和警示标志标准》包装，再置于指定周转桶（箱）或一次性专用包装容器中。包装表面应印刷或粘贴红色"感染性废物"标识。损伤性医疗废物必须装入利器盒，密闭后外套黄色垃圾袋，避免造成包装物破损。医疗废物需要交由危险废物焚烧设施、生活垃圾焚烧设施、工业炉窑等应急处置设施处置时，包装尺寸应符合相应上料设备尺寸要求。

同时国家卫生健康委印发《关于做好新型冠状病毒感染的肺炎疫情期间医疗机构医疗废物管理的通知》（国卫办医函〔2020〕81号）对疫情期间医疗废物的包装提出了进一步要求：应当使用双层包装袋盛装医疗废物，采用鹅颈结式封口，分层封扎。盛装医疗废物的包装袋和利器盒的外表面被感染性废物污染时，应当增加一层包装袋。每个包装袋、利器盒标签的特别说明中应标注"新冠的肺炎"或者简写为"新冠"。收治新冠的肺炎患者及疑似患者发热门诊和病区（房）的潜在污染区和污染区产生的医疗废物，在离开污染区前应当对包装袋表面采用1 000毫克/升的含氯消毒液喷洒消毒（注意喷洒均匀）或在其外面加套一层医疗废物包装袋。

198. 重大传染病疫情期间医疗废物处置能力不足的地区应如何管理和处置？

环境保护部于 2009 年 5 月关于印发《应对甲型 H1N1 流感疫情医疗废物管理预案》的通知中提出，医疗废物处置能力不足的地区，应按照应急方案处置医疗废物；因特殊原因确实不具备集中处置医疗废物条件的地区，特别是农村偏远地区，医疗卫生机构可对医疗废物进行就地焚烧处置。

生态环境部于 2020 年 1 月印发的《新型冠状病毒感染的肺炎疫情医疗废物应急处置管理与技术指南（试行）》提出，对存在医疗废物处置能力缺口的地市，协调本省其他地市或邻省具有富余医疗废物处置能力的相邻地市建立应急处置跨区域协同机制。因特殊原因，不具备集中处置条件的，可根据当地人民政府确定的方案对医疗废物进行就地焚烧处置。

国务院办公厅于 2021 年 5 月关于印发《强化危险废物监管和利用处置能力改革实施方案》的通知中提出，建立平战结合的医疗废物应急处置体系，一是完善医疗废物和危险废物应急处置机制，县级以上地方人民政府应将医疗废物收集、贮存、运输、处置等工作纳入重大传染病疫情领导指挥体系，强化统筹协调，保障所需的车辆、场地、处置设施和防护物资。将涉危险废物突发生态环境事件应急处置纳入政府应急响应体系，完善环境应急响应预案，加强危险废物环境应急能力建设，保障危险废物应急处置。二是保障重大疫情医疗废物应急处置能力，统筹新建、在建和现有危险废物焚烧处置设施、协同处置固体废物的水泥窑、生活垃圾焚烧设施等资源，建立协同应急处置设施清单。2021 年年底前，各设区的市级人民政府应至少明确一座协同应急处置设施，同时明确该设施应急状态的管理流程和规则。列入协同应急处置设施清单的设施，根据实际设置医疗废物应急处置备用进料装置。

199. 重大传染病疫情期间应急处置设施是如何选择的？

应急处置医疗废物的，应优先使用本行政区内的医疗废物集中处置设施。当医疗废物集中处置单位的处置能力无法满足疫情期间医疗废物处置要求或出现其他特殊情况时，可采用其他应急医疗废物处置设施，增加临时医疗废物处置能力。备选应急处置单位选择顺序依次为危险废物焚烧处置企业、水泥窑协同处置危险废物企业、生活垃圾焚烧处理企业和移动式医疗废物处置设施等。

200. 重大传染病疫情产生的医疗废物与其他医疗废物处置一样吗？

以新冠疫情为例，新冠感染产生的医疗废物与其他医疗废物的处置方法总体来说是一样的。

从技术角度来说，前面所讲的医疗废物处置技术完全可以安全处置新冠感染产生的医疗废物，与处置其他医疗废物是一样的。但相对于其他医疗废物，新冠感染产生的医疗废物具有更强的感染性，应更加注重防止二次感染，至关重要的就是要采取消毒措施，严格按照国家相关部门要求做好全过程的卫生防护和防疫措施。

从管理角度来说，根据《新型冠状病毒感染的肺炎疫情医疗废物应急处置管理与技术指南（试行）》《关于做好新型冠状病毒感染的肺炎疫情医疗废物环境管理工作的通知》（国卫办医函〔2020〕81号）等文件要求，医疗废物集中处置单位要优先处置新冠感染产生的医疗废物，力争实现日产日清；其他非疫情的医疗废物可以采用危险废物焚烧炉等设备进行应急处置。

【本章作者：葛惠茹】